U0322062

# 神经系统共振分析

邓　斌　于海涛　王　江　著

科学出版社

北　京

# 内 容 简 介

　　本书以作者相关研究工作为基础，结合神经系统共振领域的最新发展编写。内容深入浅出，在介绍神经系统共振定义的基础上，从模型角度出发，深入探讨有关随机扰动与高频刺激对神经系统放电特性及信息传递等方面的作用机制问题。

　　全书共 6 章。第 1 章为绪论，对大脑网络结构和神经系统中的随机扰动及其作用进行介绍；第 2 章给出随机共振的定义及特征，并介绍非线性系统和神经系统中的随机共振现象；第 3 章从模型角度出发，详细介绍神经元网络中的随机共振；第 4 章进一步研究基于突触的神经元网络共振；第 5 章和第 6 章主要对共振在神经信息编码与传递中的作用进行介绍。

　　本书可供神经动力学、神经元网络信息传导与作用机制、非线性动力学等领域的科研人员、教师、研究生及高年级本科生学习和参考。

## 图书在版编目 (CIP) 数据

　　神经系统共振分析/邓斌，于海涛，王江著. —北京：科学出版社，2015

　　ISBN 978-7-03-043246-9

　　Ⅰ. ①神… Ⅱ. ①邓… ②于… ③王… Ⅲ. ①人工神经网络－研究 Ⅳ. ①TP183

中国版本图书馆 CIP 数据核字 (2015) 第 022902 号

责任编辑：王　哲　王迎春 / 责任校对：张怡君
责任印制：徐晓晨 / 封面设计：迷底书装

科　学　出　版　社 出版
北京东黄城根北街 16 号
邮政编码：100717
http://www.sciencep.com

北京科印技术咨询服务公司　印刷
科学出版社发行　各地新华书店经销

\*

2015 年 2 月第　一　版　　开本：720×1 000　1/16
2018 年 6 月第二次印刷　　印张：11 1/4
字数：226 000

定价：72.00 元
（如有印装质量问题，我社负责调换）

# 序

从总体上来说，神经系统特别是大脑是世界上最复杂、最巧妙、最高级的信息处理系统，也是非线性程度最高的系统之一。神经信息处理一直是生物控制论的重要研究内容。特别是从 20 世纪 50 年代起，对神经系统的研究从定性观察和实验转向定量的理论研究以后，神经信息处理研究逐步形成了一个涉及生理学、数学、物理、医学、信息科学、工程学等众多基础学科的交叉领域，也一直是当代科学的前沿和热点。当今神经信息处理领域的突破，往往都是多学科交叉的结果。

普通意义下，物理系统的共振是指当外部周期驱动的频率恰好与系统的固有频率吻合而导致的输出信号放大，但是这种共振在有噪声干扰的情况下，通常是随着噪声强度的增加而减弱的，因此通常人们所说的共振实际上是一种频率共振。而随机共振是非线性系统特有的一种机制，是指非线性系统在外部驱动信号频率固定的前提下，外部环境噪声对系统响应的调控与优化。神经系统恰恰是一个非常复杂的非线性系统，其所处的环境包含各种噪声，包括从细胞水平的离子通道热噪声到人体所处环境的噪声。环境噪声对神经系统的信息处理能力起到干扰还是增强的作用，是神经信息处理领域的热点问题。本书作者结合物理学特别是非线性动力学中的共振理论与神经系统数学模型，来定量研究在噪声环境下神经系统的信息处理机制，取得了很好的研究成果。

本书汇集了王江教授课题组近年来，从事有关神经信息处理研究所取得的部分重要研究成果。作者在对神经系统噪声来源充分了解的基础上，结合非线性系统共振理论，对神经系统的信息处理机制进行了详细的研究，并应用于针刺过程神经信息产生与传输机制的研究，内容丰富，文献详实，既注重理论与方法的正确性，又注重实际的应用性。相信本书的出版将对推动神经信息处理交叉领域的研究起到积极的作用。

陈予恕

中国工程院院士

2015 年 2 月

# 前　言

　　神经系统是由众多神经细胞组成的一个可以供生物体与其所处环境之间相互作用的庞大而复杂的信息通信网络，它不断地接收信息、分析信息、存储信息（记忆）并做出响应。在生物神经系统中，神经元在接收与处理信息的过程中总是不可避免地受到各种噪声的影响，这些噪声主要来源于系统内部参数的升降以及外部环境的变化。研究表明，噪声的涨落影响是不能忽略的，它与神经系统的实际功能有着密切的联系。

　　噪声作为大多数生物系统的重要组成部分，对神经系统的功能具有重要作用。传统观念认为噪声是起破坏作用的，而实际上许多实例表明，在一些非线性系统中噪声对于一些重要的动力学过程的发生是有利的。噪声对非线性系统的积极影响主要体现在随机共振的出现。随机共振是指非线性系统在弱噪声和外界周期信号的共同作用下，系统的输出信号频率谱在周期信号对应频率处形成一个峰值。近年来，噪声作为一种重要的动力学因素，其诱导产生的随机共振现象得到了国内外学者的深入研究。

　　另外，有研究表明双稳态系统中噪声的积极作用可以被其他信号取代，如高频周期信号。双稳态系统在高、低两种不同信号频率作用下，以高频信号为调制信号，通过调节高频信号的幅值或频率来改变系统的动力学特性，使系统对低频信号的响应幅值达到极值，这种现象被称为振动共振。振动共振的发生需要两种不同频率的信号，而在人的大脑中确实存在高、低两种频率的信号，且低频信号携带的生物信息往往是神经系统进行响应所需要的。因此，研究神经系统中的振动共振具有重要的生理意义，其成果可以为今后的脑刺激技术提供理论依据。

　　神经系统对信号的处理是非线性的。当刺激输入小于某一阈值时，神经元并无放电输出，只有当刺激输入大于某一阈值时，神经元才有放电输出。因此，共振被认为是神经系统传递和处理外界刺激信息的重要机制之一。实验和理论研究表明，噪声可以有效地提高感觉神经元编码和传递外界刺激信息的能力。目前科学家已经在动物捕食系统以及人类视觉系统中发现了共振效应，并且通过实验证明了随机噪声对神经编码的积极作用。特别强调，针刺可以等效为对神经系统的外部刺激，共振可能是神经系统响应针刺作用的重要机制之一。

　　在生物神经系统中，神经元为了执行不同的任务，通过电突触或者化学突触连接构成复杂的神经元网络，这些神经元网络根据各自功能的不同具有不同的拓扑结构，从规则网络到小世界网络存在于整个神经系统中。神经元网络的拓扑结构和神经元之间的耦合方式对神经系统中生物信息的传递和处理有重要影响，具有不同拓扑结构的神经元网络在信号传递速度、计算能力以及同步性能方面存在差异。因此，从非线性角度分析复杂神经元网络的共振行为已经成为神经动力学研究的一个重要方面。

　　20 世纪 50 年代以来，科学家提出了许多著名的神经电生理数学模型，以研究神经系统复杂的放电行为和编码活动，神经科学也与非线性科学等多个学科相互交叉，形成新的研究领域。天津大学课题组在国家自然科学基金重点项目"针刺电信息传导与作用规律的研究"（编号：50537030）的支持下，对神经元的电生理活动和神经元网络中信息的传导与作用机制进行了深入的理论和实验研究，并取得了显著成果。本书是在该项目中关于扰动作用下神经系统放电行为研究成果的基础上，补充了一些基础知识而撰写的专著，主要取材于课题组的最新研究成果，包括发表于国内外重要学术期刊的学术论文以及研究生的毕业论文，还适当参考了国内外相关文献。本书在给出了神经系统共振定义的基础上，从模型的角度出发，深入地探讨了有关扰动对神经系统放电特性以及信息传递等方面的作用机制问题。

　　本书的部分研究内容得到了国家自然科学基金重点项目"针刺电信息传导与作用规律的研究"（编号：50537030）、国家自然科学基金面上项目"基于放电起始动力学理论的针刺神经编码机制研究"（编号：61072012）、"基于放电历史依存性的神经针刺编码机理研究"（编号：61172009）、国家自然科学基金青年科学基金项目"针刺足三里穴丘脑核团电信息的网络编码机制研究"（编号：61302002）、天津市自然科学基金重点项目"基于 DTMS 的多模态影像 AD 诊断系统的研究"、"皮层可兴奋性探测系统及其机理研究"的资助，特此致谢。

　　本书是基于我们近年来的研究成果完成的。感谢门聪、秦迎梅等博士对本书内容做出的贡献，感谢郭欣萌、王琳等硕士精心整理及修改稿件。在我们的课题研究及本书的出版过程中，也得到了许多专家的指导，在此一并向他们表示由衷的感谢！

　　由于作者水平所限，本书难免存在不足之处，敬请读者批评指正。

作　者

于天津大学

2014 年 11 月

# 目　　录

# 第 1 章 绪 论

传统观念认为噪声会影响信息传递的准确性，对确定性信号的传递起破坏作用，但随着研究的深入，却发现情况并不总是如此。对于许多非线性系统而言，适当的噪声扰动反而可以使系统中原本不会发生、不易发生的事情有规律地发生或增强。非线性系统中，微弱的输入信号能够在噪声的协助下被放大，并且使系统的输出响应达到最优，在过去的 20 多年里，这种所谓的随机共振（stochastic resonance，SR）现象受到越来越多研究者的关注。动物和人类的神经系统中有很多不同类型的神经元，它们的结构、功能、大小都不相同。神经元间通过突触进行交流，形成神经元网络。噪声在神经系统中广泛存在，它影响神经系统功能的所有方面，是神经系统对信息处理的一个基本问题。研究表明，神经系统中存在随机共振现象，神经系统中的随机共振对于信息传递、监测、编码以及一些神经疾病的治疗等具有重要意义。然而，传统的基于双稳态动力学系统的理论不能很好地描述神经动力系统，为了得到神经系统中随机共振的一个更逼真的模型，研究不同的、非线性（非双稳态）系统是非常有必要的。

## 1.1 脑网络结构

### 1.1.1 大脑网络结构特征

人脑是自然界中最复杂的系统之一，它约有 1000 亿个神经元，每个神经元通过突触与其他数以千计的神经元相连，构成各种功能特异的神经回路，最终形成一个极其庞大而又高度复杂的神经元网络。越来越多的研究表明，神经元网络是大脑进行信息处理和认知表达的生理基础，其结构与脑功能密切相关。因此，探究大脑复杂的连接模式以及其引发正常和病态脑功能的方式是现代神经科学最具挑战性的研究领域之一。

事实上，自然界中的很多系统，包括交通、生物、社交、神经系统等，都可以抽象为由点和边构成的复杂网络，它们分别代表系统中的基本单元以及单元之间的相互作用。由此发展起来的图论成为分析复杂网络的最主要的理论依据。早期复杂网络研究主要是将规则网络和随机网络作为基本结构[1]，然而很多研究表明大多数真实的复杂网络结构并不是完全随机的，也不是完全规则的，而是处于两者之间的状态。近年来，随着计算能力的不断提高，科学家通过对大量不同种类的实际网络的结构特征进行统计分析，提出了能够刻画网络特征的很多重要属性，如度和度分布、聚类系数、最短路径长度等。在此基础上，人们从不同的角度提出了多种新型的网络拓扑结构模型。Watts 等首先揭示了复杂网络的小世界特征，并建立了一个基于边随机重连的小世界网络模型[2]。Barabasi 等进一步发现了复杂网络的无标度性质，并建立了一个基于网络增长和优先连接的无标度网络模型[3]。自从小世界网络和无标度网络被发现以来，以网络的视角研究复杂系统已经取得极大的进展，复杂网络的许多重要性质被揭示出来，如模块化、层级性和自相似等。另外，在理解网络结构特性与网络动力学行为本质两者的关系上取得了显著的进展。

近年来，基于图论的复杂网络研究将视角转向了脑网络结构研究。随着脑成像技术的快速发展，直接记录大范围内神经回路的功能活动成为可能。目前科学家已经能够从多个层次上刻画大脑的网络结构，包括神经元、神经元集群和大脑脑区等[4]。通过示踪法（tract tracing）、扩散频谱成像（diffusion spectrum imaging）、扩散磁共振成像（diffusion magnetic resonance imaging, diffusion MRI）等成像技术来构建大脑结构连接网络或者采用脑电图（electroencephalogram, EEG）、脑磁图（magnetoencephalography, MEG）和功能磁共振成像（functional MRI, fMRI）等技术建立大脑功能连接网络，以及通过微电极阵列（microelectrode array, MEA）等技术重构神经元的功能连接网络，然后结合基于图论的复杂网络分析方法，分析其拓扑结构特征和组织模式，进而理解大脑的功能活动机制[5]。分析表明，大脑结构网络和功能网络普遍具有复杂网络的共同特征。

（1）小世界特性——既具有与规则网络类似的较高的聚类特性，又具有与随机网络类似的较短的最短路径长度。

（2）无标度特性——网络中节点的度分布遵循幂律分布 $P(k) \sim k^{-\alpha}$。

（3）模块化特性——整个网络由若干相对独立而又相互联系的模块（子网络）组成，这些模块内部节点之间连接比较紧密，而与其他模块的节点连接比较稀疏。

这些特征不仅表现在大脑各脑区的连接结构上，而且存在于神经元之间的网络拓扑中。

## 1.1.2　大脑结构网络

人脑结构连接网络是神经科学研究的一个重要方向，主要采用扩散成像技术和示踪方法，构建从神经元到大脑脑区等不同尺度上大脑网络的解剖结构。近年来，科学家充分认识到了构建人脑结构网络的重要性，并提出了人脑连接组（human connectome）的概念[4]。由于缺乏追踪单神经元进程的成像技术，目前复杂脑结构网络主要建立在大尺度的脑区水平上。最早构建的大脑结构网络主要是基于结构磁共振成像技术获得的脑形态学数据。He 等首先采用结构磁共振成像获取了大脑皮层厚度数据，经过相关性分析构建了大脑结构网络，并发现该网络具有"小世界"属性[6]。Chen 等进一步研究发现该大脑皮层厚度网络具有模块化结构，并且结构网络模块与功能网络模块具有重叠性[7]。此外，基于扩散磁共振成像的纤维追踪技术也是研究大脑结构网络的重要方法之一，它以非侵入性的方式观测白质纤维束的变化。Hagmann 等首次采用扩散磁共振成像，构建了包含约 1000 个节点的大脑结构网络，并发现了该网络具有典型的"小世界"特征，即具有较高的聚类系数和较短的路径长度[8]。Gong 等通过对 80 个被试者的平均大脑结构网络进行分析，发现该网络具有"小世界"性质[9]。Iturria-Medina 等采用扩散加权磁共振（diffusion weighted MRI）建立了由 70～90 个皮层区和脑底部灰质区作为节点的加权大脑结构网络，图论分析发现该网络同样具有"小世界"属性[10-11]。Hagmann 等采用扩散频谱成像技术，分别建立了包括 998 个脑区的加权大脑结构网络，分析发现该结构网络具有模块化属性，整个网络可以划分为 6 个模块，模块之间通过核心节点相连[12]。

上述大脑结构网络研究主要集中在宏观的大脑脑区尺度上。在微观的神经元尺度上，由于实验记录技术多为侵入式，脑复杂网络研究主要以动物为对象。White 等首次构建了杆状线虫的大脑结构网络，该网络大约包含 300 个神经元，是目前唯一建立在神经元水平上的复杂脑网络，并被证实具有"小世界"性质[13]。Humphries 等在脊椎动物脑干的细胞网络模型中发现了类似的"小世界"结构[14]。Sporns 等进一步证实了猴子视觉皮层、大脑皮层和猫丘脑皮层的结构网络都具有"小世界"特性[15-16]。另外，Felleman 等采用示踪技术获得了猴子视觉皮层的解剖结构网络，发现其可以划分为多个模块，这些模块内部连接较为紧密，而模块之间连接较为稀疏[17]。Young 通过类似的方法分析了猫的皮层网络，同样发现其具有模块化属性[18]。以上实验研究表明，大脑结构网络普遍具有"小世界"性质和模块化结构等拓扑属性。

## 1.1.3 大脑功能网络

尽管大脑结构网络可以提供不同神经元、神经元集群或脑区之间的物理连接结构，但是科学家更关注决定网络动态活动的功能网络结构。脑功能网络一般以划定的脑区或记录电极、磁通道为节点，用连接边刻画不同节点之间神经电活动的相关性或因果性。相关性可以通过同步性和互信息分析获得，而因果性主要采用广义线性模型（generalized linear model，GLM）和因果关系分析（granger causality，GC）。2000 年，Stephan 首次采用神经示踪法研究了癫痫样放电在猴子大脑皮层中的传播过程，从而构建了猴子的脑功能网络，并发现其拓扑结构具有"小世界"属性[19]。此后，采用复杂网络理论研究脑功能网络得到了国内外学者的广泛关注，利用功能磁共振、脑电图、脑磁图等成像技术在大尺度范围内研究人脑功能网络的连接规律，并取得了很多重要成果。

功能磁共振成像技术由于具有较高的时间和空间分辨率，成为研究脑功能网络的重要方法之一。Salvador 等首次采用功能磁共振成像技术，通过计算静息状态下不同脑区之间血液氧合水平的相关性，建立了包含 90 个皮层区域的大脑功能网络，分析发现整个网络表现出"小世界"特性[20]。Achard 等利用该技术建立了不同频段内各脑区之间的功能连接网络，分析表明 0.007～0.45Hz 频段内的大脑功能网络都具有"小世界"属性[21]。与此同时，Eguíluz 等构建了基于活性体素的脑功能网络，研究表明大脑功能网络具有"小世界"属性，并且网络的度分布服从幂律分布，具有无标度特性[22]。

Laurienti 进一步分析发现基于体素的脑功能网络中存在模块化组织结构[23]，该结果和He 等基于脑区的功能网络分析结果一致。He 等建立了静息状态下的大脑功能网络，分析发现大脑功能网络在时间和空间尺度上都具有模块化结构，且这些组成模块的拓扑结构与全脑的拓扑结构存在显著差异[24]。此外，脑电图和脑磁图也是无创地获取脑活动信号的重要方法。Ferri 等采用脑电图建立了睡眠期间的人脑功能网络，通过分析其拓扑结构的变化情况，发现睡眠期间大脑功能网络的"小世界"属性显著增强[25]。Stam 基于脑磁图获得的实验数据，建立了被试者在不同频段内的大脑功能网络，分析表明低频（<8Hz）和高频（>30Hz）波段的脑功能网络结构均具有"小世界"特性，而中间频段（8～30Hz）的脑网络结构接近于规则网络[26]。但 Bassett 等利用小波分解脑磁图的时间序列建立的不同频率段（1.1～75Hz）内的大脑功能网络，其拓扑结构均呈现"小世界"属性[27]。

近年来，多电极阵列技术日益成熟，它能够以细胞外记录的方式直接测取大脑某一区域内神经元群体的电活动，使得重构神经元尺度上的脑功能网络成为可能。最近，Gerhard 等利用猴子视觉系统的多电极记录数据，通过建立广义线性模型，综合考虑神经元自身活动过程、其他神经元的突触输入以及外部刺激的调制等因素，估计神经元之间的相互因果关系，并基于此建立了脑功能网络，图论分析发现该网络缺少无标度特性，却显示了一种显著的"小世界"属性[28]。该研究为从微观尺度上探索神经元构成的大脑功能网络提供了新思路。

## 1.1.4　网络结构与脑功能

大脑的网络拓扑结构与其功能密切相关。神经元网络的一个重要特征就是连接结构的不统一性，它们通常具有较小的平均路径长度和较大的聚类系数，即小世界特性。研究表明，具有小世界拓扑的神经系统模型表现出较强的信号传递速度、计算能力及同步性能[2]。由于同时支持局部和远距离的信息处理方式，小世界网络被视为研究大脑解剖和功能网络的最有效方法之一。此外，大脑是一个多级系统，具有显著的层次结构。整个神经系统由许多特异性的功能子系统（如视觉系统、听觉系统等）构成，每个子系统又由许多神经回路构成。研究表明，神经系统内细胞的功能就是以一种高度模块化的方式实现的。神经系统的主要功能就是接收外界刺激，传递和处理神经信息，并作出响应，促使机体适应周围环境变化。在这个过程中，感觉神经元首先对环境信息进行编码，并将其转化为电信号，然后向下传递给各个阶段进行处理[29]。大脑同时处理同一模块内的信息，而不同模块携带的信息是分开处理的，这就使得每个神经模块能够独立专门地完成各自的处理任务。但是，为了得到一致的响应，大脑又需要对各模块的神经信息进行整合[30]。大脑神经系统的模块化结构有助于其对神经信息进行分割和综合处理[31-33]。

异常脑网络结构会破坏正常脑功能的实现。典型的实验证实就是脑疾病研究中获得的关于大脑结构网络和功能网络的大量结果。目前基于结构磁共振成像和扩散磁共振成像构建脑结构网络的方法已经被广泛用于脑疾病的研究中。He 等基于结构磁共振成像获得的大脑皮层厚度数据，分别构建了阿茨海默症患者和正常人的大脑结构网络，对比分析发现前者的集群系数和平均路径长度都明显增大，即小世界属性减弱[34]。Cammoun等采用扩散张量成像（diffusion tensor imaging，DTI）技术，分别构建了癫痫患者和精神分裂症患者的大脑结构网络，发现两者的小世界属性与正常人相比均显著降低，表明脑疾病患者的正常网络拓扑结构遭到了破坏[35-36]。另外，基于功能磁共振成像和脑电图、脑磁图构建大脑功能网络的方法也被广泛应用于脑疾病的研究中。Stam 等利用脑磁图建立了阿茨海默症患者的脑功能网络，对比研究发现其聚类系数和最短路径长度相对于正常人均显著下降[37]。Liu 等利用 fMRI 构建了精神分裂症患者的脑功能网络，分析发现其聚类系数降低而最短路径长度增长，小世界属性明显减弱[38]。Ponten等基于 EEG 建立了癫痫患者的脑功能网络，并分析了其结构在发病前后的变化情况，结果发现癫痫患者在发病期间和发病后，脑功能网络的集群系数和平均最短路径长度均明显增大，倾向于规则网络[39]。因此，研究大脑结构和功能网络不仅有助于揭示大脑的拓扑结构，而且可为探索大脑结构与功能的相互关系提供依据，特别是为理解神经精神疾病（如阿茨海默症、癫痫、精神分裂症等）的致病机理提供了新思路。

## 1.1.5 神经动力学

实验结果表明，大脑中不同种类神经元之间的连接拓扑结构极其复杂，形成了许多复杂的连接模式，最终形成了极其庞大的神经元网络。研究表明，神经元网络的动力学行为与大脑的功能密切相关。长期以来，科学家通过大量的生理实验，对神经系统的生理结构和功能机理有了充分的认识，但是对于神经系统的动力学行为和认知功能的本质认识还远远不够。近年来，随着神经电生理知识的不断丰富及现代计算机技术的快速发展，对生物神经元网络计算模型的研究引起了科学家的极大兴趣。采用简单的神经元模型构建大规模神经元网络，仿真脑在系统层面的功能活动成为一种可行的方法。为了深入研究神经系统网络结构对其功能的影响机制，近年来国内外学者从数学模型出发，采用非线性动力学理论和方法对复杂神经元网络的动力学特性做了大量分析研究，特别是同步和共振动力学机制。

对于一个神经元网络，其同步动力学受到很多因素的影响，包括神经元自身特性和网络拓扑等。Ivanchenko 等研究了全连接网络中簇放电映射神经元之间的混沌相位同步问题，发现了依赖于耦合强度的同步转迁，即当神经元之间的耦合强度达到某一阈值时，网络中所有神经元实现簇放电时间尺度上的同步，而在峰放电时间尺度上并不同步[40]。王青云等构建了小世界神经元网络模型，并分析了突触耦合和网络结构等因素对神经系统同步的影响，结果发现提高小世界网络的连接概率可以增强系统放电的同步性[41]。Batista 等研究了无标度神经元网络中的同步现象，通过数值模拟发现同步不仅与耦合强度有关，而且与网络结构有密切联系。此外，鉴于神经元过度同步放电会导致帕金森等神经系统疾病，他们提出采用时滞反馈控制系统的同步节律[42]。孙晓娟等基于 Hindmarsh-Rose 神经元模型建立了由多个子网络构成的模块化神经元网络模型，分析表明模块内神经元个数、神经元之间的耦合强度，以及不同模块间的连接概率对系统同步都具有重要影响[43]。于海涛等在研究由小世界子网络构成的模块化神经元网络中得到了类似的结论[44]。

在共振方面，Perc 研究了小世界神经元网络的随机共振现象，发现合适强度的噪声可以促进局部输入的弱周期信号在整个神经元网络中进行完整而有效的传递[45]。Ozer 等对基于 Hodgkin-Huxley（HH）模型的小世界神经元网络进行了研究，发现神经元之间的耦合强度和小世界网络的随机重连概率对起搏器诱导的随机共振有重要影响，在固定的耦合强度下存在最优的随机重连概率，使得整个系统的线性响应幅值达到最高[46]。于海涛等首次研究了模块化神经元网络中的随机共振和振动共振现象，发现对于施加了弱低频信号的兴奋性神经系统，存在合适强度的外界刺激（噪声和高频信号），使得系统输出对输入信号的线性响应达到峰值；网络结构和参数对系统共振特性有重要影响；存在最优的连接结构，使得整个神经元网络对弱信号的检测和传递能力最强[47]。

## 1.2　神经系统中的随机扰动

噪声，即随机干扰信号，渗透在神经系统的方方面面，如图 1.1 所示，它对神经

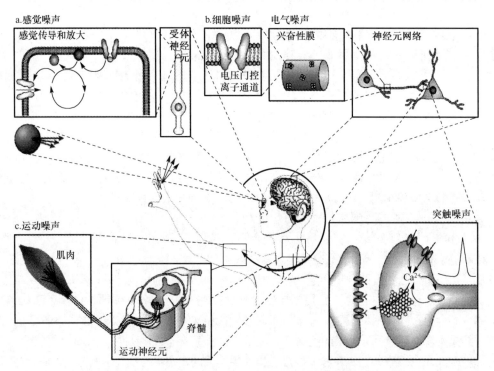

图 1.1　动作环全景图及神经系统中每个环节的噪声[48]

a：传导过程中的感知噪声源，包括信号；b：细胞水平噪声源，包括激活的细胞膜表面的离子通道、突触传导及神经元网络间的传递；c：运动神经元及相关肌肉中的运动噪声源，在一个动作（抓球）当中，神经系统的噪声体现在感知、信息处理和运动阶段

系统的活动具有重要意义。那么，神经系统中这些随机因素与扰动的来源究竟有哪些呢？近年来，关于噪声是如何出现的，及其是如何影响神经系统的结构和功能的研究取得了一定成果，揭开了神经系统中噪声的"神秘面纱"。

1. 感知噪声

外部感知刺激是一种固有噪声，因为它们本身属于热力学或量子力学的范畴。感知的第一步是感官刺激的能量转化为化学信号（通过接收光子或者受体与气味分子结合）或者是一个动作信号（如听觉毛细胞产生响应）。下一个转换过程放大了感官信号并由此转化为一个电信号，直接或间接地通过第二信使级联。已经出现的或在放大过程（传导噪声）中产生的任意噪声会增加整个实验迭代可变性。因此，放大过程中产生的噪声为信息处理后面的阶段设置了感知阈值——如果放大后信号弱于噪声，将不能被辨识。这个结论严格符合数据处理不等式定理[49]：数据处理的后续阶段（即使没有噪声）不可能比前面的阶段提取更有用的信息。因此，为了减少噪声，机体在处理信息的第一步付出了代谢和结构上不菲的代价（感知阶段）。

2. 细胞噪声

在每个神经元中，噪声的不断累积基于处理信息的细胞器表现出随机性，也会由于非线性的计算量和网络交错程度进一步增加。神经元在生化和生物物理水平有许多随机过程，其中有蛋白质生成和降解过程、离子通道开闭、突触囊泡融合、接收器释放和靶定信号分子。可以据此假设，将大量的随机元素平均化可有效消除个体元素的随机性。然而，这样的假设需要重新客观评估。神经元表现出很高的非线性过程，包括高放大增益和正反馈。因此，微小的生化及电化学波动（在分子水平考察系统，波动和噪声等同）会明显改变整个细胞的响应。

3. 电噪声和动作电位

膜电位在局部计算和动作电位时都有应用。虽然已研究了很久静息膜电位可变性和动作电位阈值，但是基于这些波动的作用机制近期才被关注。即使在突触没有输入的情况下，神经元电噪声依然引起膜电位波动。这类电噪声的主要来源是通道噪声——压控或配体门控的随机开闭的离子通道产生的电流。由随机模型可知，通道噪声可以解释由朗飞氏结动作电位阈值的可变性，及膜片处起始动作电位的可靠性。另外，由体外膜片钳实验可知，树突和体细胞的通道噪声导致膜电势波动，此波动足以影响动作电位时间。起始和传播中的动作电位受通道噪声影响。

4. 突触噪声

许多新皮质细胞接收来自上千个突触的刺激，被称为"突触背景噪声"。然而，神经系统错综复杂的树状结构使得突触相互作用产生的背景噪声不仅仅有单个突触自身产生的噪声。由实验结果和计算参数可知，突触背景活动具有有意义的结构。不过，宏观的真实噪声对突触的作用也可能造成突触背景噪声可变性，并影响神经元放电。

突触噪声的传统表现形式是自发的微小突触后电流,在无突触前输入时仍可观测到。多个突触噪声可影响信息传递并增加可变性。

## 5. 运动噪声

人们通过运动来与环境进行互动,而每次实验中的运动都有内在的不同。从中枢神经系统产生运动信号,到由运动神经接收并在肌肉纤维转化为机械力。一定数量的肌肉纤维受一个运动神经元控制。当产生较弱的力量时,运动神经控制小部分肌纤维运动。当力量逐渐增大时,更多的运动神经控制更多的肌纤维运动,这就是海博曼定理。而且,当整块肌肉的力量增加时,参与其中的运动神经元的激发率也在升高,那些控制较少肌纤维的运动神经元的激发率达到最大。

整块人类骨骼肌产生的力的可变性与每种力的大小成比例,这是由运动神经元群的生物学结构和肌肉纤维决定的;每到达一个动作电位会使肌肉纤维产生"抽搐"。在低激发率条件下,这些抽搐被实时分散了,但是随着激发率的升高,抽搐集合成了一个平滑的收缩。整个肌肉的发力过程由运动神经和激发率决定。控制大多数肌肉纤维的运动神经处于低激发状态,因此它会产生不构成肌肉收缩的抽搐过程。由此可知,发力过程的可变性由这些非主导运动的运动神经作用于肌肉纤维产生抽搐组成,这样的可变性主导了整个肌肉发力时产生的可变性。

三种机制构成肌纤维发力时产生的可变性。第一,运动神经在一段时间内准确无误地激发,肌纤维会在激发后产生回波(类似水波),这源于其他非主导肌纤维产生的抽搐。此效应会被共同的机械感知反馈的同步过程进一步增强。第二,运动神经元会像其他神经元一样受到细胞噪声的影响,它会在直径为 $10\mu m$ 的有髓鞘的运动神经轴突产生动作电位时和肌肉神经接点处,产生不可被忽视的噪声;受影响的动作电位时间的可变性降低所发力的大小,并增加发力的可变性,这两个原因都会造成肌肉力量的可变性。第三,每一个动作电位激发的抽搐在实验迭代中体现在幅值可变性和周期可变性上,这是因为生化作用产生了抽搐力。然而,据现在掌握的情况,这种现象尚未被量化。除此之外,在较细的轴突中,肌纤维中的钙离子通道噪声或在能量释放和传递时产生的随机过程都能产生随机抽搐。另外,运动神经元和肌纤维之间的串扰产生无关噪声,会使肌纤维受到耦合神经元的影响。

目前将产生力的可变性建立在等长收缩(肌肉是定长的)理论上,但不清楚在运动过程中如何转化为可变性。单个运动神经元刺激肌肉运动的影响仅在无脊椎动物神经系统上实验,此实验证明了激发时间和放电数量($\pm1$)的可变性(以微秒计),在整个肌肉中产生高达 10%的可变性。这些无脊椎动物的肌肉范围与人类控制说话的喉肌相当,喉肌受控精度达到微秒级,然而人们对于喉肌的特征、活动状况及稳定性知之甚少。

人类运动行为——从眼部活动到手部按轨迹运动,可由一种产生运动的最优控制模型模拟,这种模型的运动噪声最小。但是它仍然无法说明有多少实验迭代可变性由运动神经-肌肉噪声造成,运动控制(脊髓)中有多少其他原因的可变性。

# 1.3 噪声在神经系统中的作用

## 1.3.1 噪声的益处

噪声对于神经元不仅产生负面影响，它还为信息处理提供一种方法。如今，多种处理策略用到了噪声。例如，随机共振可在阈值系统中检测并传递弱信号，在此过程中，弱信号被相当程度的噪声加强。在低噪声水平下，大部分感知信号未达到阈值，只有少数信号被检测到。在高噪声水平下，信号被检出。因为信号强度作为载体使信号达到阈值又不会使信号湮灭。由于随机共振的作用，检测亚阈值输入往往比超阈值输入效果更好。在猫的视神经元中首次发现这种模式，随机共振已被感知系统广泛应用，这包括小龙虾机械感受器、鲨鱼联合感知细胞、蟋蟀须感知神经元、人的肌肉纺锤体。随机共振在行为水平的作用，已被用于白鲟被动电感知及人类平衡控制方面。

此外，在产生电刺激的神经元中，亚阈值信号对系统的输出没有影响。噪声通过使亚阈值输入超过阈值来转化阈值的非线性特性，使亚阈值输入信号更接近阈值。这使电刺激更容易发生，并且改善了神经元网络的动作特性，这个结论由"对比基本视神经皮层的方向不变性"的相关研究得出[50]。值得注意的是，在噪声下形成的神经元信号网络将变得不稳定，甚至产生许多状态，由此产生动态环境下学习并适应新要求的模式。

## 1.3.2 噪声在网络中的构成

有噪声时神经元网络如何维持活动的稳定？有几种方法使得网络可以影响不同环节的噪声。下图用三个简单的例子说明渐变潜在神经元对输入进行线性求和。图 1.2（a）表示信号集中在单个神经元。如果输入信号具有独立噪声，突触后神经元的噪声与信号数目（$N$）的平方根成比例变化，然而信号随着 $N$ 成比例缩放。如果信号中的噪声与信号完全相关，则神经元的噪声与 $N$ 成比例缩放。图 1.2（b）表示信号通过一系列神经元的情况。在此情况下，噪声随着神经元数目的平方根成比例增加。相反，并联连接（未给出）并不通过网络交互增大噪声。图 1.2（c）说明循环网络将增大相关信号。

其他运算中每个神经元都可能改变网络噪声的大小，幅值的线性操作不改变信噪比。非线性操作，如乘法和阈值，会对噪声产生不同的影响。一般来说，乘法运算使得变异系数（coefficient of variation，CV）增大，阈值使之减小。一些研究探讨了噪声在非线性系统神经元的行为。高度并行和分布式结构紧凑的中枢神经系统可能限制噪声的产生。

实验表明，普通的神经元活动水平由稳态可塑性机制决定，这个机制包括突触活跃程度的动态变化、离子通道的开闭、神经调节素的释放，这恰好使得神经元网络在动态变化中不断削弱噪声的影响。另外，这些网络相互联系，使得独立神经元的活动状态对神经元网络的影响十分微弱。

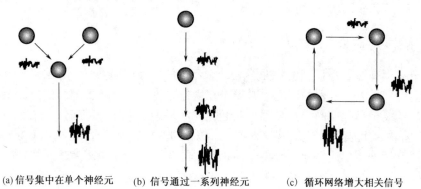

(a) 信号集中在单个神经元　　　(b) 信号通过一系列神经元　　　(c) 循环网络增大相关信号

图 1.2　神经元将输入进行线性求和[48]

此外，在许多已激发的神经元中，输入信号总是比输出信号多，这说明突触前噪声和细胞内噪声在信号传递到神经元的过程中被削弱了。噪声变小说明神经元网络通过某种联系方式阻止了局部噪声在信号传递过程中不断累积。类似的神经运算特性（神经内的运算）以及信息在全局中传递的数字特性，是构造噪声鲁棒回路的重要组成部分。

## 1.4　主　动　噪　声

目前，一些无创性的经颅刺激技术由于在研究及治疗方面的有效性、无创性、易操作性、价格低廉等优势正受到广泛的关注和深入的研究。经颅磁刺激和经颅电刺激就是其中较为典型的方法，它们均通过能直接作用于中枢神经系统的外加刺激（主动噪声）来诱发脑电，从而达到研究或治疗的效果。

经颅磁刺激（transcranial magnetic stimulation，TMS）是 1985 年英国谢菲尔大学的 Barker 等提出的一种直接刺激人脑和调整人脑活动的新技术，磁信号可以无衰减地透过颅骨而刺激大脑神经，实际应用中并不局限于头脑的刺激，外周神经肌肉同样可以刺激，这种方法具有无创、无损、非接触的特点。TMS 通过电磁感应实现聚焦于特定脑功能皮层的磁场刺激，目前已经广泛应用于探测磁场刺激下不同皮层区域的兴奋性、研究行为和认知能力之间的关系以及神经精神疾病的研究和治疗。基于现有 TMS 的研究基础，本书首次提出了深度经颅磁刺激（deep transcranial magnetic stimulation，DTMS）技术。相比于 TMS，DTMS 通过全脑域磁场刺激，把脑作为一个整体，从系统角度进行研究，解决了 TMS 方法只关注脑本身细节的问题，且采用弱磁场，安全性有所提高。DTMS 可灵活调整参数，可对不同神经精神疾病状态下的脑神经元网络产生更敏感的特异性刺激。

虽然采用 TMS 研究神经精神疾病的成果不断涌现，但是磁刺激对神经系统的作用机制尚无定论。一般认为，TMS 作用机制与突触可塑性、离子通道、动作电位等多种因素有关[51-68]。近来的研究表明，TMS 会引发感觉皮层的神经噪声，且会干扰前额皮质的短期记忆存储[69]，因此理解噪声在神经系统中的作用、研究神经系统中的共振现象对解释 TMS 的作用机制具有重要意义。

另一种常用的经颅刺激技术是经颅电刺激，可分为经颅直流电刺激（transcranial direct-current stimulation，tDCS）和经颅交流电刺激（transcranial alternating current stimulation，tACS）。tDCS 是一种非侵入性的利用恒定、低强度直流电进行神经调节的技术，tDCS 由阴极和阳极两个表面电极片构成，以微弱直流电作用于大脑皮质，阴极对大脑皮质起抑制作用，阳极对大脑皮质起兴奋作用。刺激效果由电流的强度、刺激部位、极片面积和极性来决定。其依据刺激的极性不同引起静息膜电位超极化或者去极化，从而对皮质兴奋性进行调节。关于 tDCS 的具体调节机制近年成为研究的热点，目前 tDCS 可用于基础的研究工作及一些神经疾病的治疗。最新研究表明，正弦波刺激波形对皮层振荡的增强呈现出一个更有针对性的刺激范式。由于其可以直接干预皮层的节律，所以 tACS 似乎开创了人类大脑无创性电刺激的新时代。而这种周期性的、微弱的全局扰动调节大规模皮层网络动力学的潜在机制一直以来都是一个有争议性的问题。Mohsin 等研究发现，tACS 正是通过网络共振来调节大规模皮层网络的网络活动[70]，从网络共振的角度进行研究将为解释 tACS 的作用机制提供新的思路。

经颅随机噪声刺激（transcranial random noise stimulation，tRNS）是一项新的经颅电刺激技术，tRNS 涉及在皮层上施加一个随机电振荡谱，目前，tRNS 可应用于三个频率范围：整个频谱（0.1~640Hz）、低频段（0.1~100Hz）、高频段（101~640Hz）。最近的研究表明，在运动皮层上施加 10min 高频段的 tRNS 能够正向地调节大脑皮层的兴奋性[71]。tRNS 的影响同样可以在随机共振的背景下来解释，它是一个可以引发系统随机活动的随机频率刺激[72]。

尽管这些刺激范式所触发的神经元个数及类型从理论上来讲是随机的，但引起的神经元活动的改变可能与正在进行的相关任务活动有关，虽然本书指的是一个不确定过程，引进的噪声并不是一个完全随机的元素，而神经系统中的共振现象对于解释这些经颅刺激技术的作用机制具有重要意义。

## 参 考 文 献

[ 1 ]  Erdos P, Renyi A. On the evolution of random graphs. Publ Math Inst Hungar Acad Sci, 1960, 5:17-60.

[ 2 ]  Watts D J, Strogatz S H. Collective dynamics of "small-world" networks. Nature, 1998, 393: 440-442.

[ 3 ]  Barabasi A L, Albert R. Emergence of scaling in random networks. Science, 1999, 286(5439): 509-512.

[ 4 ]  Sporns O, Tononi G, Kotter R. The human connectome: a structural description of the human brain. PLoS Comput Biol, 2005, 1: 42.

[ 5 ] Bullmore E, Sporns O. Complex brain networks: graph theoretical analysis of structural and functional systems. Nat Rev Neurosci, 2009, 10: 186-198.

[ 6 ] He Y, Chen Z J, Evans A C. Small-world anatomical networks in the human brain revealed by cortical thickness from MRI. Cereb Cortex, 2007, 17: 2407-2419.

[ 7 ] Chen Z, He Y, Rosa-Neto P. Revealing modular architecture of human brain structural networks by using cortical thickness from MRI. Cereb Cortex, 2008, 18: 2374-2381.

[ 8 ] Hagmann P, Kurant M, Gigandet X. Mapping human whole-brain structural networks with diffusion MRI. PLoS ONE, 2007, 2: e597.

[ 9 ] Gong G, He Y, Concha L. Mapping anatomical connectivity patterns of human cerebral cortex using in vivo diffusion tensor imaging tractography. Cereb Cortex, 2008, 19: 524-536.

[10] Iturria-Medina Y. Characterizing brain anatomical connections using diffusion weighted MRI and graph theory. Neuroimage, 2007, 36: 645-660.

[11] Iturria-Medina Y, Sotero R C, Canales-Rodriguez E J, et al. Studying the human brain anatomical network via diffusionweighted MRI and graph theory. Neuroimage, 2008, 40: 1064-1076.

[12] Hagmann P, Cammoun L, Gigandet X. Mapping the structural core of human cerebral cortex. PLoS Biol, 2008, 6: e159.

[13] White J G, Southgate E, Thomson J N, et al. The structure of the nervous system of the nematode caenorhabditis elegans. Philos Trans R Soc Lond B Biol Sci, 1986, 314: 1-340.

[14] Humphries M D, Gurney K, Prescott T J. The brainstem reticular formation is a small-world, not scale-free, network. Proc Biol Sci, 2006, 273: 503-511.

[15] Sporns O, Zwi J D. The small world of the cerebral cortex. Neuroinformatics, 2004, 2: 145-162.

[16] Scannell J W, Burns G A P C, Hilgetag C C, et al. The connectional organization of the cortico-thalamic system of the cat. Cereb Cortex, 1999, 9: 277-299.

[17] Felleman D J, Van Essen D C. Distributed hierarchical processing in the primate cerebral cortex. Cereb Cortex, 1991, 1: 1-47.

[18] Young M P. The organization of neural systems in the primate cerebral cortex. Proc Biol Sci, 1993, 252: 13-18.

[19] Stephan K E. Computational analysis of functional connectivity between areas of primate cerebral cortex. Philos Trans R Soc Lond B Biol Sci, 2000, 355: 111-126.

[20] Salvador R, Suckling J, Coleman M R. Neurophysiological architecture of functional magnetic resonance images of human brain. Cereb Cortex, 2005, 15: 1332-1342.

[21] Achard S, Salvador R, Whitcher B. A resilient, low-frequency, small-world human brain functional network with highly connected association cortical hubs. J Neurosci, 2006, 26: 63-72.

[22] Eguíluz V M, Chialvo D R, Cecchi G A. Scale-free brain functional networks. Phys Rev Lett, 2005, 94: 018102.

[23] Laurienti P J. Modularity maps reveal community structure in the resting human brain. Nat Preced,

2009, hdl:10101/npre.2009.3069.1.

[24] He Y, Wang J H, Wang L. Uncovering intrinsic modular organization of spontaneous brain activity in humans. PLoS ONE, 2009, 4: e5226.

[25] Ferri R, Rundo F, Bruni O. Small-world network organization of functional connectivity of EEG slow-wave activity during sleep. Clin Neurophysiol, 2007, 118: 449-456.

[26] Stam C J. Functional connectivity patterns of human magnetoencephalographic recordings: a "small-world" network? Neurosci Lett, 2004, 355: 25-28.

[27] Bassett D S, Meyer-Lindenberg A, Achard S. Adaptive reconfiguration of fractal small-world human brain functional networks. Proc Natl Acad Sci USA, 2006, 103: 19518-19523.

[28] Gerhard F, Pipa G, Lima B, et al. Extraction of network topology from multi-electrode recordings: is there a small-world effect? Frontiers in Computational Neuroscience, 2011, 5:4.

[29] Bear M F, Connors B W, Paradiso M A. Neuroscience: Exploring the Brain. Baltimore: Lippincott Williams and Wilkins, 2006.

[30] Engel A K, Singer W. Temporal binding and neural correlates of sensory awareness. Trends in Cognitive Sciences, 2001, 5: 16-25.

[31] Zamora-López G, Zhou C, Kurths J. Graph analysis of cortical networks reveals complex anatomical communication substrate. Chaos, 2009, 19:015117.

[32] Sporns O, Honey C J, Kötter R. Identification and classification of hubs in brain networks. PLoS ONE, 2007, 10: e1049.

[33] Zhou C S, Zemanová L, Zamora-López G. Structure-function relationship in complex brain networks expressed by hierarchical synchronization. New Journal of Physics, 2007, 9:178.

[34] He Y, Chen Z, Evans A. Structural insights into aberrant topological patterns of large-scale cortical networks in Alzheimer's disease. J Neurosci, 2008, 28: 4756-4766.

[35] Cammoun L, Gigandet X, Sporns O. Connectome alterations in schizophrenia. Neuroimage, 2009, 47: S157.

[36] Vaessen M J, Jansen J F, Hofman P A. Impaired small-world structural brain networks in chronic epilepsy. Neuroimage, 2009, 47:S113.

[37] Stam C J, De Haan W, Daffertshofer A. Graph theoretical analysis of magnetoencephalographic functional connectivity in Alzheimer's disease. Brain, 2009, 132: 213-224.

[38] Liu Y, Liang M, Zhou Y. Disrupted small-world networks in schizophrenia. Brain, 2008, 131: 945-961.

[39] Ponten S C, Bartolomei F, Stam C J. Small-world networks and epilepsy: graph theoretical analysis of intracerebrally recorded mesial temporal lobe seizures. Clin Neurophysiol, 2007, 118: 918-927.

[40] Ivanchenko M V, Osipov G V, Shalfeev V D. Phase synchronization in ensembles of bursting oscillators. Physical Review Letters, 2004, 93: 134101.

[41] Wang Q Y, Lu Q S. Phase synchronization in small world chaotic neural networks. Chinese Physics

Letters, 2005, 22: 1329-1332.

[42] Batista C A S, Batista A M, de Pontes J A C. Chaotic phase synchronization in scale-free networks of bursting neurons. Physical Review E, 2007, 76: 016218.

[43] Sun X J, Lei J, Perc M. Burst synchronization transitions in a neuronal network of subnetworks. Chaos, 2011, 21: 016110.

[44] Yu H T, Wang J, Liu Q X, et al. Chaotic phase synchronization in a modular neuronal network of small-world subnetworks. Chaos, 2011, 21: 043125.

[45] Perc M. Stochastic resonance on excitable small-world networks via a pacemaker. Physical Review E, 2007, 76: 066203.

[46] Ozer M, Perc M, Uzuntarla M. Stochastic resonance on Newman-Watts networks of Hodgkin-Huxley neurons with local periodic driving. Physics Letters A, 2009, 373: 964-968.

[47] Yu H T, Wang J, Liu C, et al. Stochastic resonance on a modular neuronal network of small-world subnetworks with a subthreshold pacemaker. Chaos, 2011, 21: 047502.

[48] Faisal A A, Selen L P, Wdpert D M. Noise in the newous system. Nat Rev Neurosci, 2008, 9(4): 292-303.

[49] Cover T M, Thomas J A. Elements of Information Theory. New York: Wiley-Interscience, 1991.

[50] Russell D F, Wilkens L A, Moss F. Use of behavioural stochastic resonance by paddle fish for feeding. Nature, 1999, 402(6759): 291-294.

[51] Romei V, Brodbeck V, Michel C, et al. Spontaneous fluctuations in posterior alpha-band EEG activity reflect variability in excitability of human visual areas. Cereb Cortex, 2008, 18(9): 2010-2018.

[52] Fuggetta G, Fiaschi A, Manganotti P. Modulation of cortical oscillatory activities induced by varying single-pulse transcranial magnetic stimulation intensity over the left primary motor area: a combined EEG and TMS study. Neuroimage, 2005, 27(4): 896-908.

[53] 杨丽, 乔晓艳, 董有尔. 磁场生物效应的研究现状与展望. 中国医学物理学杂志, 2009, 26(1): 1002-1024.

[54] 张广浩, 江凌彤, 吴昌哲, 等. 神经系统感应式电刺激方法的研究. 电工电能新技术, 2009, 28(2): 12-15.

[55] 康君芳, 张宝荣, 尹厚民, 等. 经颅磁刺激对帕金森氏病患者的运动诱发电位的研究. 中国病理生理杂志, 2009, 25 (4): 725-728.

[56] 吴小鹰, 郑小林. 磁刺激在生物医学中的应用. 生物医学工程学杂志, 2007, 24(4): 950-953.

[57] 党卫民, 金怡, 黄悦勤, 等. 重复经颅磁刺激治疗儿童孤独症的初步研究. 中国神经精神疾病杂志, 2009, 35(8): 505-506.

[58] 张五芳, 谭云龙, 周东丰. 重复经颅磁刺激治疗运动相关障碍及可能机制. 国际精神病学杂志, 2008, 28(4): 243-245.

[59] 柳颢, 李惠, 刘锐, 等. 重复经颅磁刺激治疗精神分裂症阴性症状的疗效分析. 现代电生理学杂志, 2008, 115(13): 134-137.

[60] 陈昭燃, 张蔚婷, 韩济生. 经颅磁刺激: 生理、心理、脑成像及其临床应用. 生理科学进展, 2004, 35(2): 168 -171.

[61] 路会生, 汪曈, 王明时, 等. 经颅磁刺激诱导人愉快状态的研究. 天津大学学报, 2007, 40(5): 616-622.

[62] 吕浩, 唐劲天. 经颅磁刺激技术的研究和进展. 中国医疗器械信息, 2006, 12(5): 28-32.

[63] 冯蕾, 武小静, 乔志梅, 等. 听觉电生理实时分析系统及其在大鼠下丘信息编码研究中的应用. 生物物理学报, 2007, 23(3): 208-214.

[64] Rothwell J C. Using transcranial magnetic stimulation methods to probe connectivity between motor areas of the brain. Human Movement Science, 2011, 30(5): 906-915.

[65] Allen E A, Pasley B N, Duong T, et al. Transcranial magnetic stimulation elicits coupled neural and hemodynamic consequences. Science, 2007, 317: 1918-1921.

[66] Ruff C C, Driver J, Bestmann S. Combining TMS and fMRI: From "virtual lesions" to functional-network accounts of cognition. Cortex, 2009, 45: 1043-1049.

[67] 高志勤, 余海鹰, 崔雪莲, 等. 低频重复经颅磁刺激治疗精神分裂症慢性幻听的疗效及随访研究. 精神医学杂志, 2009, 22(4): 257-258.

[68] 高志勤, 余海鹰, 孙剑. 经颅磁刺激在精神分裂症研究中的应用. 国际精神病学杂志, 2007, 34: 205-208.

[69] Bancroft T D, Hogeveen J, Hockley W E, et al. TMS-induced neural noise in sensory cortex interferes with short-term memory storage in prefrontal cortex. Frontiers in Computational Neuroscience, 2014, 8:23.

[70] Ali M M, Sellers K K, Fröhlich F. Transcranial alternating current stimulation modulates large-scale cortical network activity by network resonance. The Journal of Neuroscience, 2013, 33(27): 11262-11275.

[71] Terney D, Chaieb L, Moliadze V, et al. Increasing human brain excitability by transcranial high-frequency random noise stimulation. Journal of Neuroscience, 2008, 28: 14147-14155.

[72] Miniussi C, Harris J A, Ruzzoli M. Moselling non-invasive brain stimulation in cognitive neuroscience. Neuroscience and Biobehavioral Reviews, 2013, 37: 1702-1712.

# 第 2 章 随 机 共 振

## 2.1 引　言

　　噪声在不同类型的非线性动力系统中可发挥建设性的作用，随机共振就是一个典型的例子。从物理学系统到社会学系统，随机共振的实例随处可见，因此，对于随机共振的研究至今仍是一个热点。随机共振并不具有传统意义上的激励信号周期与系统固有周期匹配的这种共振含义，而是描述在非线性系统中，微弱的输入信号能够在噪声的协助下被放大，并且使系统的输出响应达到最优的现象。一般认为，如果非线性系统具有能量势垒，或者说是一个阈值系统，其本身有内在噪声源，或者说外部激励包含噪声，那么系统对一个微弱周期信号的响应特性跟共振现象类似，并且是关于噪声的函数。随机共振的产生条件简单，并且具有鲁棒性。相干共振是和随即共振很相似的现象，是在纯噪声输入的情况下，系统存在与噪声的共振输出。另一种与随机共振相关的现象称为振动共振，它是指双稳态系统在高、低两种不同频率的信号作用下，以高频信号为调制信号，通过调节高频信号的幅值或频率来使系统的动力学特性发生变化，从而使系统对低频信号的响应幅值达到极值的现象。

## 2.2　非线性系统的共振

### 2.2.1　随机共振的提出及发展

　　随机共振的概念最早于 20 世纪 80 年代由 Benzi 等发现并提出[1-3]。他们研究周期性复发的冰河期的问题，提出随机共振可能决定着周期性复发冰河期的主周期。在研究中他们发现，地球冰川期的发生大约以 10 万年为周期，而气候时间序列数据的功率谱上，相应的频率处有一个明显峰值。人们又发现，行星扰动而引起的地球绕太阳转动轨道的偏心率变化周期大约也是 10 万年。这两个事实的吻合说明太阳对地球施加了周期性的影响，但是偏心率这么小的周期性影响又不足以引起地球气候如此大的变化。他们提出了一个双稳态的非线性气候模型，把宇宙中的其他扰动当成随机干扰，这样，地球气候的周期变化可以看作小的周期驱动与噪声的一种协作效应：气球偏心率的周期变化使得地球气候在暖气期和冰川期之间的相互转换成为可能，而随机扰动又使得这种转换成为真正的现实，并且在某一特定的噪声强度下，两个稳态之间的转换呈现一种明显的周期性。Benzi 等把这种由弱周期驱动和随机扰动相互协作而导致的强周期输出现象称为随机共振。Benzi 等提出双稳态的非线性模型:

$$\dot{x} = x - x^3 + A\sin\omega(t) + D\xi(t) \tag{2.1}$$

来研究随机共振的作用机制。仅有外部的弱周期激励,粒子所具有的能量不足以使粒子发生势阱间的跃迁。但是周期激励的引入使得系统的势函数变为

$$V(x,t) = \frac{x^4}{4} - \frac{x^2}{2} - Ax\cos\omega(t)$$

系统的两个势阱发生周期性的升降,如图 2.1 所示。进一步引入噪声后,处于高位势势阱中的粒子向低位势势阱跃迁的概率比反向跃迁要大。如果噪声强度较小,则这种跃迁比较困难;如果噪声强度过大,则这种跃迁就完全是随机的。只有噪声强度适当,这种跃迁才能表现出和驱动频率相匹配的周期性。

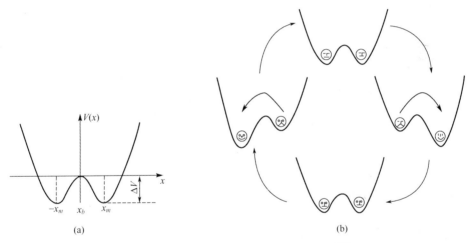

图 2.1  双势阱的刻画和势阱的周期性升降[4]
此时,适量的噪声(当驱动周期近似等于噪声引发的逃逸时间的两倍时)
会引发粒子与周期激励信号的同步跃迁(严格来说,仅统计平均值如此)

第一个证实随机共振现象的实验是由 Fauve 等在 1983 年实现的,他们研究了交流驱动的施密特触发器线路的噪声频谱依赖性[5]。后来 McNamara 等在激光双稳态环路中也发现了随机共振现象[6],这引起了对随机共振现象的广泛研究。随着时间的推移,随机共振的概念已经被扩大到包含许多不同的机制。这些系统的统一特点是,在一个最佳噪声水平上,对于小扰动增加了敏感度。在这个宽泛的随机共振的概念之下,第一个被探讨的非双稳态系统是可激发系统[7]。相比双稳态系统,可激发系统只有一个稳定状态(静息态),但是具有一个到达激发状态的阈值,这个激发状态不稳定,并且延续相当长的时间才达到静息状态。在随机共振研究繁荣发展的过程中,最新的随机共振类型的研究被发现,并且似乎看不到尽头。随机共振的概念已经通过解决随机共振的量子模拟,而延伸到了微观和介观物理学中[8-11]。

## 2.2.2　随机共振现象拓展——振动共振

另一种与随机共振相关的现象称为振动共振（vibration resonance，VR）。振动共振是双稳态系统在高、低两种不同频率的信号作用下，以高频信号为调制信号，通过调节高频信号的幅值或频率来使系统的动力学特性发生变化，从而使系统对低频信号的响应幅值达到极值。

振动共振最早由 Landa 等[12]提出，他们受随机共振现象的启发，用数值方法研究了受高频信号和弱低频信号同时激励的非线性双稳态系统，发现系统对低频信号的响应幅值增益和高频信号的幅值之间是一种非线性关系。随着高频信号幅值的增大，系统对低频信号的响应幅值增益会出现最大值，呈现共振现象，从而使微弱低频信号得到放大。

受两种不同频率信号作用的过阻尼双稳态系统可用如下方程描述：

$$\dot{x} = ax - bx^3 + A\cos\omega t + B\cos\Omega t \tag{2.2}$$

式中，$a$、$b$ 均大于零，为双稳态系统的参数；$A\cos\omega t$ 是幅值为 $A$、频率为 $\omega$ 的低频信号；$B\cos\Omega t$ 是幅值为 $B$，频率为 $\Omega$ 的高频信号，且满足 $\Omega \gg \omega$。由于受两种不同频率信号的作用，式（2.2）有两种不同的时间尺度 $T_\mathrm{L} = \dfrac{2\pi}{\omega}$ 和 $T_\mathrm{H} = \dfrac{2\pi}{\Omega}$，且 $T_\mathrm{L} \gg T_\mathrm{H}$。

设有如下形式的近似解[13]：

$$x(t) = X(t) + \frac{B}{\Omega}\sin\Omega t \tag{2.3}$$

式中，$X(t)$ 是与时间尺度 $T_\mathrm{L}$ 相应的系统输出响应的低频缓变成分；$(B/\Omega)\sin\Omega t$ 是高频变化成分。将式（2.3）代入式（2.2），并对式中的各项在 $T_\mathrm{H}$ 的较短时间内求平均值，假设 $X(t)$ 不受短时求均值的影响，即

$$\frac{1}{T_\mathrm{H}}\int_0^{T_\mathrm{H}} X(t)\mathrm{d}t \approx \frac{1}{T_\mathrm{H}} \cdot X(t) \cdot T_\mathrm{H} = X(t)$$

式中，$T_\mathrm{H} \to 0$，则 $X(t)$ 满足

$$\dot{X} - aX + bX^3 + \frac{3}{2}b\frac{B^2}{\Omega^2}X = A\cos\omega t \tag{2.4}$$

该式又可表示为

$$\dot{X} - \hat{a}(B,\Omega)X + bX^3 = A\cos\omega t \tag{2.5}$$

式中，$\hat{a}(B,\Omega)X = a - \dfrac{3}{2}b\dfrac{B^2}{\Omega^2}$。式（2.5）表明，高频信号参数 $B$、$\Omega$ 的存在改变了系统参数 $\hat{a}$，使得 $\hat{a} < a$。通过调节高频信号参数 $B$ 或 $\Omega$，可使 $\dfrac{B}{\Omega} = \sqrt{\dfrac{2a}{3b}}$，即 $\hat{a}(B,\Omega) = 0$。

高频信号的作用相当于随机共振中的噪声使系统产生分岔，随着 $B$ 或 $\Omega$ 的变化，系统的稳态从两个变为一个。

振动共振在理论研究和实验研究等方面均取得了重要进展，Yang 等[14-17]采用数值方法研究了时滞系统的振动共振现象，发现系统对低频信号的响应幅值与时滞反馈系数之间同时存在两种周期性变化的关系，这两种周期恰好分别等于激励信号的周期。后来，Jeevarathinam 等[18]采用快慢变量分离的方法对这一结论给出了解析证明。近年来，以分数阶微积分为基础的分数阶动力学已逐步渗透到振动动力学的许多问题中[19-21]，在这些问题中用分数阶模型描述的结果往往比传统的整数阶模型更能精确地模拟现实问题。

### 2.2.3　随机共振现象拓展——相干共振

1993 年，Gang 等[22]发现，在没有外界弱周期信号的激励，而只有噪声的作用下，非线性系统输出也能变得有序，产生类似随机共振现象，这种现象被称为相干共振（coherence resonance，CR）或一致共振。相干共振的机制可简单地解释为，噪声引发的极限环的一个周期可被分解为两部分：启动时间 $T_a$，即相位轨迹从稳定平衡状态到激发状态所需的时间；游览时间 $T_e$，即返回平衡状态所需的时间。启动时间随噪声强度的变化遵循阿伦尼乌斯定律 $\langle T_a \rangle \propto \exp(\Delta / D^2)$，其中，$\Delta$ 是激励的阈值，$D$ 是噪声的幅值。相反，由游览时间给出的不稳定激发态的衰减显示了对噪声的依赖性。对于弱噪声，$D^2 \ll \Delta$，噪声引发的振荡的周期由启动时间控制，峰值遵循泊松统计。因此，对于弱噪声来讲，峰峰间隔的波动很大，且变异系数（CV，详见文献[23]）接近 1。另外，对于较大的噪声，启动时间很短，周期主要由游览时间控制。尽管平均游览时间在某些程度上取决于噪声强度，它的方差与 $D^2$ 成正比。因此，对于较大的噪声强度，周期的波动主要因为游览时间的抖动和变异系数随噪声增加 $CV \propto D$。相干共振（CV 的一个最小值）出现在噪声强度为中间值时，噪声足够大，使得启动时间短且噪声引发的振荡周期主要取决于游览时间，但是又不足以导致游览时间的大幅波动。

相干共振是非线性动力系统中一种常见的动力学行为，它比随机共振更自然，因而有更广泛的意义，受到了很多关注。

## 2.3　随机共振的特征

下面定义实际中量化随机共振这一效应的可观测量，这些可观测量应该在物理上是可激发的，且易于测量，或者与工程有关联性。在 Benzi 等的开创性论文中，随机共振用功率谱中峰值的强度来量化。基于功率谱的可观测量在理论和实验中的确非常方便，因为它们有直观意义，并且容易测量。在随机共振的神经生理学应用中，另一项指标非常流行，即由连续的神经元放电峰值或者连续的势垒跨越得到的这些激发事件间的间期分布。

这里沿着随机共振的历史发展，首先讨论随机共振基于功率谱的重要量化指标。随着量化指标的介绍，从随机共振的两个类属模型说明它们的特性，即周期性驱动双稳态系统和双势阱系统。

## 2.3.1　类属模型

考虑在存在噪声和周期力的双稳态势阱中，一个布朗粒子的过阻尼运动：

$$\dot{x}(t) = -V'(x) + A_0 \cos(\Omega t + \varphi) + \xi(t) \tag{2.6}$$

式中，$V(x)$ 表示反射对称的四次势函数，且

$$V(x) = -\frac{a}{2}x^2 + \frac{b}{4}x^4 \tag{2.7a}$$

通过一个合适的标度变换，消去势能参数 $a$ 和 $b$，使式（2.7a）假定为无因次形式：

$$V(x) = -\frac{1}{2}x^2 + \frac{1}{4}x^2 \tag{2.7b}$$

在式（2.6）中，$\xi(t)$ 表示一个零均值，自相关函数 $\langle \xi(t)\xi(0) \rangle = 2D\delta(t)$（其中 $D$ 为强度）的高斯白噪声。势函数 $V(x)$ 具有双稳态性质，极小值落在 $\pm x_m$ 处，其中 $x_m = 1$。极小值之间的势垒高度 $\Delta V = \frac{1}{4}$。

在没有周期力作用时，$x(t)$ 以和噪声强度 $D$ 成比例的统计方差围绕其局部稳定状态波动。噪声引起的局部平衡状态间跳跃的克莱默斯速率为

$$r_K = \frac{1}{\sqrt{2}\pi} \exp\left(-\frac{\Delta V}{D}\right) \tag{2.8}$$

致使平均值 $\langle x(t) \rangle$ 趋于零。

在周期力作用时，系统的反射对称被破坏，而且平均值 $\langle x(t) \rangle$ 不再为零。这一现象可以直观地理解成从一个势阱到另一个势阱周期性偏斜的结果。

除了认定在其中一个势阱中粒子在 $t$ 时刻驻留外，滤除 $\langle x(t) \rangle$ 的其他所有信息（称为双稳态滤除），可以得到一个二元简化的双稳态模型。这个双稳态模型的出发点是主方程将粒子在两个势阱其中之一的概率 $n_{\pm}$ 表示为它们的平衡位置 $\pm x_m$，即

$$\dot{n}_{\pm}(t) = -W_{\mp}(t)n_{\pm} + W_{\pm}(t)n_{\mp} \tag{2.9}$$

式中，$W_{\mp}$ 为对应的跃迁率。从一个势阱到另一个势阱的周期性偏斜反映在对跃迁率的周期性依赖上。

1. 周期响应

方便起见，选择周期力的相位 $\varphi = 0$，即输入信号明确地记为 $A(t) = A_0(\cos \Omega t)$。平均值 $\langle x(t)|x_0,t_0 \rangle$ 通过在全体噪声实现中平均非均匀过程得到，其中初始条件 $x_0 = x(t_0)$。$t_0$ 逐

渐趋于负无穷，初始条件的记忆丢失，$\langle x(t) | x_0, t_0 \rangle$ 成为时间的周期函数，即 $\langle x(t) \rangle_{as} = \langle x(t+T_\Omega) \rangle_{as}$，其中 $T_\Omega = 2\pi / \Omega$。对小幅值周期性地输入信号，系统的响应可记为

$$\langle x(t) \rangle_{as} = \bar{x} \cos(\Omega t - \bar{\phi}) \qquad (2.10)$$

式中，$\bar{x}$ 为幅值；$\bar{\phi}$ 为相位滞后。幅值和相移的近似表达式记为

$$\bar{x}(D) = \frac{A_0 \langle x^2 \rangle_0}{D} \frac{2r_K}{\sqrt{4r_K + \Omega^2}} \qquad (2.11a)$$

$$\bar{\phi}(D) = \arctan\left(\frac{\Omega}{2r_K}\right) \qquad (2.11b)$$

式中，$\langle x^2 \rangle_0$ 是静止未扰动系统（$A_0 = 0$）随 $D$ 变化的方差。式（2.11）在离散和连续一维系统的幅度调制 $A_0 x_m / D$ 中都保持领头阶的形式。式（2.11a）允许双稳态近似，即 $\langle x^2 \rangle_0 = x_m^2$，这是一个在固定驱动强度和驱动频率使输出 $\bar{x}$ 随 $D$ 取最大值的对噪声强度 $D_{SR}$ 的直接估计。

振幅 $\bar{x}$ 最重要的特点是它取决于噪声强度 $D$，即系统的周期响应可以通过改变噪声值来调控。进一步观察式（2.11），可知幅值 $\bar{x}$ 首先随着噪声值的增大而增大，达到一个最大值后又下降，这就是著名的随机共振效应。图 2.2 展现了双势阱系统（式（2.6）～式（2.8））对一些小幅值 $A_0$ 周期力的仿真结果。随着驱动频率的减小，峰值的位置向着噪声强度减小的方向移动。

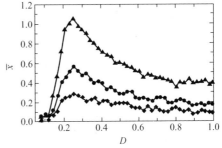

图 2.2    四次双势阱系统响应周期分量的幅度 $\bar{x}(D)$ 与噪声强度 $D$（以 $\Delta V$ 为单位）的关系[4] 输入幅度取值为：$A_0 x_m / \Delta V = 0.4$（三角形），$A_0 x_m / \Delta V = 0.2$（圆圈），$A_0 x_m / \Delta V = 0.1$（菱形）。其中，$a = 10^4 \mathrm{s}^{-1}$，$x_m = 10$，$\Omega = 100 \mathrm{s}^{-1}$

下面给 $D_{SR}$ 的值赋予物理意义。这个结果最初是由 Benzi 等给出的：一个幅值 $A_0 = 0$ 的未扰动双稳态系统以速率 $r_K$ 在它的稳态之间自发地转换。在外力的 1/2 个周期内，输入信号使系统的一个稳态不如下一个稳态稳定，来调制对称双稳态系统。整定噪声强度使随机切换频率 $r_K$ 和外力的角频率 $\Omega$ 变化相一致，在随机反向切换发生前系统获得从较不稳定状态逃离到相对较稳定状态的最大概率。当噪声强度 $D$ 过小时（$D \ll D_{SR}$），切换事件发生的概率变得非常小，因此势阱间动力学的周期分量几乎难以观察到。在这种情况下，输出信号 $x(t)$ 的周期分量主要由势能极小值附近的运动即势阱内运动决定。相反，当 $D \gg D_{SR}$ 时类似地就会发生同步丢失：在每一 1/2 驱动周期势阱间动力学分力呈现统计相关性，由随机源驱动的系统在它的稳态之间多次翻转。

本着这种原则，$2T_K(D) = T_\Omega$ 把 $T_K = 1/r_K$ 改写为 $\Omega = \pi r_K$，此时间尺度匹配条件为响应幅度 $\bar{x}$ 的最大提供了合理的条件。尽管时间匹配论证得到的 $D_{SR}$ 值和其精确值相当接近，但重要的是要注意到它并不准确。在双稳态模型中，$D_{SR}$ 的值服从超越方程：

$$4r_K^2(D_{SR}) = \Omega^2(\Delta V / D_{SR} - 1) \tag{2.12}$$

显然，时间尺度匹配条件不满足式（2.12），因此加强了它的近似性质。

从 $D = 0^+$ 时 $\bar{\phi} = \pi/2$ 到在 $D_{SR}$ 附近时 $\bar{\phi} \propto \Omega$，相位滞后 $\bar{\phi}$ 显现出一个转变过程。通过对式（2.11b）的 $\bar{\phi}$ 求二阶导数，并和式（2.12）比较，很容易发现在 $\bar{\phi}$ 的拐点右边 $D_{SR}$ 有 $\bar{\phi}''(D_{SR}) > 0$。

需要注意的是，当噪声强度 $D$ 为某一定值时，角频率 $\Omega$ 的变化并没有获得像响应幅值一样的共振效果，这一现象很快从式（2.11a）和数值研究（对那些不相信这一理论的人）中得到证明。更精确的分析表明将磁化系数分解为虚部和实部可以还原出非单调的频率依赖性——在 Phillips 等关于动力学滞后和随机共振的研究中也可以看到。

最后，介绍 Jung 等关于 $\bar{x}(D)$ 的另一个解释：存储于 $\pm\Omega$ 处狄拉克型峰值强度 $S(\omega)$ 的集成功率 $p_1 = \pi\bar{x}^2(D)$。与此类似，调制信号携带的总功率 $p_A = \pi A_0^2$。因此，频谱放大系数记为

$$\eta \equiv p_1 / p_A = [\bar{x}(D) / A_0]^2 \tag{2.13}$$

在式（2.11）的线性响应状况下，$\eta$ 和输入幅值无关。

## 2. 信噪比

取代求系统响应的总体均值，有时候提出相关的相位平均功率谱密度 $S(\omega)$ 更方便，这里定义

$$S(\omega) = \int_{+\infty}^{-\infty} e^{-i\omega\tau} \langle\langle x(t+\tau)x(t) \rangle\rangle d\tau \tag{2.14}$$

式中，内层括号表示对噪声实现的总体均值，外层括号表示对输入初始相位 $\varphi$ 的平均。图 2.3（a）展现了双稳态系统 $S(v)(\omega = 2\pi v)$ 的典型例子。定性地讲，$S(\omega)$ 可以用一个背景功率谱密度 $S_N(\omega)$ 和一个以 $\omega = (2n+1)\Omega(n = 0, \pm1, \pm2, \cdots)$ 为中心的狄拉克结构的峰值的叠加来描述。输入频率唯一奇高次谐波的产生是周期驱动对称非线性系统的典型指纹图谱。由于这个谱峰值的强度（集成功率）按 $A_0^{2n}$ 的幂次法则随 $n$ 衰减，可以限定第一个谱峰值符合式（2.10）的线性响应假设隐式。对于小幅值驱动，未扰动系统的 $S_N(\omega)$ 并未大范围偏离功率谱强度 $S_N^0(\omega)$。对于一个弛豫速率为 $2r_K$ 的双稳态系统，跳跃促成的 $S_N^0(\omega)$ 记为

$$S_N^0(\omega) = 4r_K \langle x^2 \rangle_0 / (4r_K^2 + \omega^2) \tag{2.15}$$

在 $\Omega$ 处的谱峰值已被实验验证是一个狄拉克函数，因此标志着系统响应（式（2.10））

存在角频率的周期分量。实际上对于 $A_0 x_m \ll \Delta V$ ，$x(t)$ 分解成一个噪声环境（和未扰动输出信号一致，相差一个归一化常数）和一个如式（2.10）所示的周期分量 $\langle x(t)\rangle_{as}$ 。

在功率谱密度中加上其他分量，容易得到

$$S(\omega) = (\pi / 2)\overline{x}(D)^2 [\delta(\omega - \Omega) + \delta(\omega + \Omega)] + S_N(\omega)$$

式中，$S_N(\omega) = S_N^0(\omega) + o(A_0^2)$ ，$\overline{x}(D)$ 由式（2.11a）给出。图 2.3（b）中狄拉克型峰值的强度 $S(\omega)$ （比 $\overline{x}$ 更精确）描绘为 $D$ 的函数。

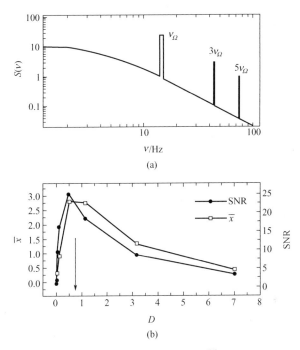

图 2.3　随机共振的特征[4]

（a）式（2.7a）所示四次双势阱系统中，典型的功率谱密度 $S(v)$ 和频率 $v$ 的关系，$(2n+1)v_\Omega$ 处的狄拉克型峰值表示为有限尺寸的直方图框，其中 $\Omega = 2\pi v_\Omega$ ，$n = 0,1,2$ ；（b）式（2.15）中第一个狄拉克型峰值的强度以及式（2.16）中的信噪比和 $D$ 的关系（以 $\Delta V$ 为单位）。箭头表示（a）中所绘功率谱密度对应的噪声强度 $D$ 值，其他的参数为 $Ax_m / \Delta V = 0.1$ ，$a = 10^4 \text{s}^{-1}$ ，$x_m = 10$

随机共振可以设想成从背景噪声提取信号的一类特殊问题。自然有很多研究者曾试图在数据分析体系中刻画随机共振，尤其是引入了信噪比（SNR）的概念。这里采用下面关于信噪比的定义，即

$$\text{SNR} = 2 \lim_{\Delta\omega \to 0} \int_{\Omega+\omega}^{\Omega-\omega} S(\omega)\mathrm{d}\omega / S_N(\Omega) \tag{2.16}$$

因此结合式（2.14）和式（2.15），一个对称双稳态系统的信噪比用领头阶的形式记为

$$\text{SNR} = \pi(A_0 x_m / D)^2 r_K \tag{2.17}$$

注意到鉴于功率谱密度的对称性 $S(\omega) = S(-\omega)$，方便起见，在式（2.16）中引入了因子 2。图 2.3（a）所描绘的功率谱密度的信噪比相对于频率 $\nu$（$\omega = 2\pi\nu$）的关系如图 2.3（b）所示。SNR 取最大值时的噪声强度 $\bar{D}_{SR}$ 与响应幅度 $\bar{x}$ 取最大对应的 $D_{SR}$ 值并不一致，其相当于式（2.15）所给功率谱中狄拉克型峰值的强度。事实上，如果克莱默斯速率前因子与 $D$ 无关，则式（2.17）的信噪比取得最大值：

$$D_{SR} = \Delta V / 2 \qquad\qquad (2.18)$$

## 2.3.2　驻留时间分布法

早前的研究用同步性论证的方法解释了周期响应的幅值 $\bar{x}(D)$ 对噪声强度 $D$ 的类共振依赖性，它最初由 Benzi 等于 1981 年提出。此外，如果调整驱动频率 $\Omega$ 使它反比于逃逸速率 $r_K$，则响应幅度不再表现出同步性。但是，任何曾试图在真实系统（包括模拟电路）中复现随机共振的实验者凭经验知道，只要改变 $D$ 或 $\Omega$ 使 $r_K \sim \Omega$ 条件成立就会发生同步现象。图 2.4 描绘了双稳态系统（式（2.6）～式（2.8））典型的输入/输出同步效应。在图 2.4（a）中，噪声强度穿过式（2.18）的共振值 $D_{SR}$，从最低点（几乎无随机转换事件）上升到较大的值。对于后者，输出信号 $x(t)$ 变得仅锁定于周期输出。图 2.4（b）中噪声强度 $D$ 取定值，驱动频率 $\Omega$ 逐渐增加。当 $\Omega$ 取较小值时，根据输入信号的符号（不管其是正是负），输出信号出现交替的不对称，在 1/2 驱动周期内发生多次两个方向上的转换。当 $\Omega$ 取较大值时，时间调制的效应最终达到平衡，

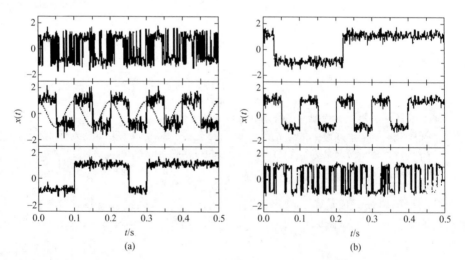

图 2.4　式（2.6）～式（2.7a）对称双稳系统中输入/输出同步示例[4]

（a）$\Omega$ 保持不变，改变噪声强度 $D$，图中随着 $D$ 的增加（从下到上），虚线表示输入信号 $A(t)$（任意单位），其他轨迹是对应的系统输出（单位为 $x_m$ 关于 $x_m$ 见图2.2）；（b）$D$ 保持不变，改变 $\Omega$ 的效果。随着 $\Omega$ 的增加（从上到下），三个输出采样 $x(t)$ 如图所示。（a）和（b）的参数为 $Ax_m / \Delta V = 0.1$，$a = 10^4 \mathrm{V}^{-1}$，$x_m = (a/b)^{1/2} = 10$，对比图 2.2

输出信号的对称性似乎完全恢复。最后当 $\Omega \sim r_K$ 时，系统建立与图 2.4（a）完全相似的同步机制。在下面的各部分中，由于随机共振是双稳态系统噪声和周期外力共同作用的结果，用一个"共振的"同步现象来刻画随机共振。出于这一目的所用的方法是驻留时间分布法。基于方法的介绍，证实这一概念在自然科学许多领域的应用中是有用的。

### 1. 能级穿越

通过将连续随机过程 $x(t)$（系统的输出信号）映射到一个随机点过程 $\{t_i\}$ 上，进一步理解双稳态系统的随机共振机制。设置两个穿越能级，例如，当 $x_{\pm} = \pm c$ 时 $0 \leq c \leq x_m$，把对称信号 $x(t)$ 转换成一个点过程。用一个适当的时间基准采样信号 $x(t)$，时间 $t_i$ 按如下方式选择：当 $x(t)$ 开始穿越时 $t_0 = 0$，触发数据采集，也就是说 $x_-$ 有负时间导数 $[x(0) = -c, \dot{x}(0) < 0]$；$t_1$ 是当 $x(t)$ 第一次穿越时的时间，$x_+$ 有正时间导数 $[x(t_1) = c, \dot{x}(t_1) > 0]$；$t_2$ 是当 $x(t)$ 转回负值时的时间，通过再次穿越 $x_-$ 有正时间导数，以此类推。$T(i) = t_i - t_{i-1}$ 表示两个连续转换发生的驻留时间。为了简便，设定 $c = x_m$，随机点过程 $\{t_i\}$ 的统计特性是复杂的概率论定理内容。特别说明，没有系统化的方法来求解穿越时间阈值的分布。对称双稳态系统是个例外，这里连续穿越的长时间间隔 $T$ 服从指数分布的泊松统计：

$$N(T) = (1/T_K)\exp(-T/T_K) \tag{2.19}$$

式（2.19）的分布率在以后的讨论中非常重要，因为它很好地近似了未调制双稳态系统势能极小值间首次驻留时间的分布特征。

### 2. 输入/输出同步

无周期外力时的驻留时间分布形式见式（2.19），当周期力作用时（见图 2.5），可以看到驻留时间分布有一系列以 1/2 驱动周期 $T_{\Omega} = 2\pi/\Omega$ 的奇数倍为中心的峰值，即 $T_n = (n - 1/2)T_{\Omega}$，其中 $n = 1, 2, \cdots$。这些峰值的高度随着它们的阶次以指数规律下降。这些峰值可简单解释如下：系统在势阱间转换的最佳时间是当相关势垒最小的时候，即当电势 $V(x, t) = V(x) - A_0 x\cos(\Omega t + \varphi)$ 极大程度地倾斜到左边或右边时的情况（不论系统停驻在哪个势阱）。如果系统在这个时间转换到另一个势阱，则它需要在此等待 1/2 周期的时间，直到新的相关势垒达到最小才能再次转换，因此 $T_{\Omega}/2$ 是一个优先驻留间隔。如果系统"错过"这一次跳跃的"好时机"，则需要等待一个全周期，直到转换的相关势垒再次达到最小。驻留时间分布的第二个峰值位于 $3/2T_{\Omega}$，其他峰值的位置是显而易见的。由于系统在势垒最小时跳跃的概率具有统计独立性，所以峰值的高度以指数形式衰减。在 $T_{\Omega}/2$ 处第一个峰值的强度 $P_1$（$P_1$ 下面区域的面积）是周期力和势阱间转换同步性的度量：如果系统在一个势阱中的平均驻留时间比驱动外力的周期长得多，则它在相关势垒首次达到最小时不太可能跳跃。这种情况下逃逸时间分布

在 $P_1$ 较小时出现很多峰值。如果系统在一个势阱中的平均驻留时间比驱动外力的周期短得多，则它将在相关势垒达到最小之前转换，在未到 $T_\Omega / 2$ 前驻留时间分布已经衰减到几乎为零，进而强度 $P_1$ 再次变小。当平均滞留时间匹配驱动频率周期时，即 $2T_K(D) = T_\Omega$ 时间尺度匹配条件，$P_1$ 有最大值，即达到最优同步。可通过改变 $\Omega$ 或 $D$ 达到这一共振条件，图 2.5 说明了这一问题，图中插入的小图分别描绘了 $T_\Omega / 2$ 处峰值强度关于噪声强度的 $D$（见图 2.5（a））和驱动频率 $\Omega$（见图 2.5（b））的函数关系。进而可以预测，$T_n(n>1)$ 时剩余峰值的分布 $N(T)$ 也展示了随机共振效应。

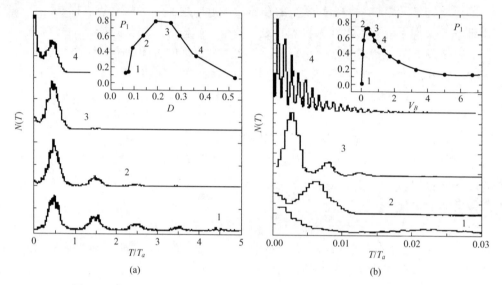

图 2.5　式（2.6）～式（2.7a）对称双稳态系统的驻留时间分布 $N(T)$ [4]

（a）$\Omega$ 保持不变增强 $D$（从下到上）；插图为 $N(T)$ 第一个峰值的强度 $P_1$ 与 $D$ 的关系（单位为 $\Delta V$）；

$P_1$ 的定义为 $P_n = \int_{T_n - \alpha T_\Omega}^{T_n + \alpha T_\Omega} N(T)\mathrm{d}T$，其中 $\alpha = 1/4$；（b）$D$ 保持不变增加 $\Omega$（从下到上）；插图为

$P_1$ 和 $\nu_\Omega$ 的关系，这里 $\Omega$ 以 $r_K$ 为单位。插图中数字 1～4 对应于图示分布中（a）里 $D$ 的值和（b）

里 $\Omega$ 的值。图中的参数为 $Ax_m / \Delta V = 0.1$，$a = 10^4 \mathrm{s}^{-1}$，$x_m = (a/b)^{1/2} = 10$，对比图 2.2

　　本书评价性地总结多峰值驻留时间分布：$T_n(n>1)$ 时驻留时间分布 $N(T)$ 存在峰值，这不应该误导读者认为功率谱密度 $S(\omega)$ 表现出基频 $\Omega$ 的次谐波（狄拉克型峰值频率低于 $\Omega$）。尽管系统可能发生在奇数倍 1/2 驱动周期（外部等待循环的整数倍）前的切换，但这种情况在时间轴上是随机间隔发生的，因此不要和任何确定的谱分量对应。

## 2.4　神经系统的共振机制

　　在生物神经系统中，神经元在产生动作电位的过程中总是不可避免地受到各种环境噪声的影响，大量研究表明噪声的涨落影响是不能忽略的，它与神经系统的实际功能有

着密切的联系。噪声可以有效提高感觉神经元响应、编码和处理外界刺激信号的能力。神经元可以借助噪声达到放电阈值，并在一定强度的噪声作用下，系统对外界输入刺激信号的峰电位响应达到最佳，即产生随机共振现象。第一篇研究神经元模型中的随机共振的论文出现在 1991 年[24-26]，之后对神经元中随机共振的研究加快了。1993 年随机共振生理实验研究后[27-31]，在这个生理实验中外信号和噪声均用于小龙虾的机械性感受器上。之后的实验研究同样证明了外加噪声时[32]，随机共振出现在蟋蟀尾须感觉系统的神经元中，在人类本体感受系统中随机共振同样出现了[33]。最近的研究在神经元的 Hodgkin-Huxle 模型、FitzHugh-Nagumo（FHN）模型、Integrate-Fire（IF）模型和 Rulkov 映射模型中都观察到了随机共振现象。不仅如此，噪声还可以有效地促进神经元网络中的信号检测和信息传递能力。在生物神经系统中，神经元之间存在各种复杂的影响，对单个神经元进行刺激时，其刺激特性很快反映到与之相连的其他神经元上。神经脉冲从神经系统的一个部位传至其他部位，需要通过多个神经元，产生的细胞间通信是神经系统的基本功能。另外，神经元对信息的加工和处理需要大量神经元协同完成。因此，大脑中的神经元并不是孤立存在的，每个神经元都有上千条突触与周围神经元相连，从而构成各种复杂的神经元网络。近年来，通过大量生物神经元网络进行定量分析，科学家发现神经系统普遍具有随机网络、小世界网络、无标度网络、模块化网络等特征，有关随机共振在这些神经元网络模型中的研究取得了大量的成果。

振动共振的发生需要两种不同频率的信号，而在人的大脑中确实存在高、低两种频率信号，且低频信号携带的生物信息往往是神经系统进行响应所需要的，因此，研究神经系统中的振动共振具有重要的生理意义。神经元在高、低频信号的共同刺激下，超过放电阈值而产生动作电位，并在一定的高频信号强度下系统对低频信号的响应幅值达到最佳，从而达到放大低频信号的效果。Ullner 等首先研究了神经元 FHN 模型中的振动共振机制，证实了高频信号能够帮助神经元感受和传导微弱低频信号。随后，在不同的神经元网络模型（规则网络和小世界网络）中观察到了振动共振现象，研究了网络拓扑结构对系统振动共振的影响，并进一步研究了电突触和化学突触对神经系统振动共振的不同作用，仿真结果表明，与电突触相比，化学突触更有利于弱低频信号在耦合的 FHN 神经元中传递。另外，对前馈神经元网络的振动共振机制的研究发现，高频信号能够促进弱低频信号在多层网络中传递。

在没有外界信号的激励，只有噪声的作用下，系统输出也变得有序的现象被称为相干共振。Pikovsky 等最先发现了 FHN 神经元模型在一定噪声下的相干共振现象，之后的研究证明，相干共振与神经系统中信息的编码和传输有着密切的关系。近年来，人们用许多可兴奋性系统（如 IF 模型、Hingermarsh-Rose（HR）模型和 HH 模型等）来研究神经系统的相干共振现象。在这些研究中，有通过相干因子、放电时间的均方差、膜电势的均方差来研究系统的一致性的，有认为相干共振发生在膜面积最优尺寸处的，也有认为相干共振发生在一定噪声强度处的。此外，Schmid 等研究了通道噪声与一致的关系。Wang 等的研究证实交叉耦合的 HH 神经元网络中，当网络规模或突触噪声最优时，系统整体行为最一致。

# 参 考 文 献

[1] Benzi R, Parisi G, Sutera A, et al. Stochastic resonance in climatic change. Tellus, 1982, 34(1): 10-16.

[2] Benzi R, Parisi G, Sutera A, et al. A theory of stochastic resonance in climatic change. Siam J Appl Math, 1983, 43: 565-578.

[3] Benzi R, Sutera A, Vulpiani A. The mechanism of stochastic resonance. J Phys A, 1981, 14: L453-L457.

[4] Gammaitoni L, Hänggi P, Jung P, et al. Stochastic resonance. Reviews of Modern Physics, 1998, 70: 223-287.

[5] Fauve S, Heslot F. Stochastic resonance in a bistable system. Phys Lett, 1983, 97A: 5-7.

[6] McNamara B, Wiesenfeld K, Roy R. Observation of stochastic resonance in a ring laser. Phys Rev Lett, 1988, 60: 2626-2629.

[7] Longtin A. Stochastic resonance in neuron models. J Stat Phys, 1993, 70: 309-327.

[8] Löfstedt R, Coppersmith S N. Quantum stochastic resonance. Phys Rev Lett, 1994, 72(13):1947-1950.

[9] Löfstedt R, Coppersmith S N. Stochastic resonance: nonperturbative calculation of power spectra and residence-time distributions. Phys Rev E, 1994, 49: 4821.

[10] Grifoni M, Hänggi P. Coherent and incoherent quantum stochastic resonance. Phys Rev Lett, 1996, 76: 1611.

[11] Grifoni M, Hänggi P. Nonlinear quantum stochastic resonance. Phys Rev E, 1996, 54: 1390.

[12] Landa P S, McClintock P V E. Vibrational resonance. J Phys A Math Gen, 2000, 33(45): 433-438.

[13] Blekhman I I. Vibrational Mechanics: Nonlinear Dynamic Effects, General Approach, Applications. Singapore: World Scientific, 2000.

[14] Yang J H, Liu X B. Delay induces quasi-periodic vibrational resonance. J Phys A: Math Theor, 2010, 43: 122001.

[15] Yang J H, Liu X B. Controlling vibrational resonance in a multistable system by time delay. Chaos, 2010, 20: 033124.

[16] Yang J H, Liu X B. Controlling vibrational resonance in a delayed multistable driven by an amplitude-modulated signal. Phys Scr, 2010, 82(2): 025006.

[17] Yang J H, Liu X B. Delay-improved signal propagation in globally coupled bistable systems. Phys Scr, 2011, 83(6): 065008.

[18] Jeevarathinam C, Rajasekar S, Sanjuan M A F. Theory and numeric of vibrational resonance in Duffing oscillators with time-delayed feedback. Phys Rev E, 2011, 83: 066205.

[19] Yang J H, Zhu H. Vibrational resonance in Duffing systems with fractional-order damping. Chaos, 2012, 22: 013112.

[20] Yang J H, Zhu H. Bifurcation and resonance induced by fractional-order damping and time delay

feedback in a Duffing system. Commun Nonlinear Sci Numer Simulat, 2013, 18(5): 1316-1326.

[21]　张璐，谢天婷，罗懋康. 双频信号驱动含分数阶内、外阻尼 Duffing 振子的振动共振. 物理学报，2014，63(1)：010506.

[22]　Gang H, Ditzinger T, Ning C. Stochastic resonance without external periodic force. Phys Rev Lett, 1993, 71(6): 807-810.

[23]　Pikovsky A S, Kurths J. Coherence resonance in a noise-driven excitable system. Phys Rev Lett, 1997, 78: 775-777.

[24]　Bulsara A, Jacobs E W, Zhou T. Stochastic resonance in a signal neuron model: theory and analog simulation. J Theor Biol, 1991, 152(4): 531-555.

[25]　Longtin A, Bulsara A, Moss F. Time-interval sequences in bistable systems and the noise-induced transmission of information by sensory neurons. Phys Rev Lett, 1991, 67: 656-659.

[26]　Bulsara A R, Moss F E. Signal neuron dynamics: noise-enhanced signal processing. IEEE International Joint Conference on Neural Networks, 1991: 420-425.

[27]　Bulsara A R, Zador A. Threshold detection of wideband signal: a noise-induced maximum in the mutual information. Phys Rev E, 1996, 54(3): 2185-2188.

[28]　Longtin A. Stochastic resonance in neuron models. J Stat Phys, 1993, 70: 309-327.

[29]　Chialvo D R, Apkarian A V. Modulated noisy biological dynamics: three examples. J Stat Phys, 1993, 70: 375-391.

[30]　Bulsara A R, Maren A J, Schmera G. Signal effective neuron: dendritic coupling effects and stochastic resonance. Biol Cybern, 1993, 70(2): 145-156.

[31]　Longtin A, Bulsara A, Pierson D, et al. Bistability and the dynamics of periodically forced sensory neurons. Biol Cybern, 1994, 70(6): 569-578.

[32]　Levin J E, Miller J P. Broadband neural encoding in the cricket cercal sensory system enhanced by stochastic resonance. Nature, 1996, 380: 165-168.

[33]　Cordo P, Inglis J T, Verschueren S, et al. Noise in human muscle spindles. Nature, 1996, 383: 769-770.

# 第3章　神经元网络共振

## 3.1　引　　言

　　复杂网络广泛存在于自然界和人类社会，是复杂性科学中复杂系统的抽象，网络中的节点是复杂系统中的个体，节点之间的边则是系统中个体之间按照某种规则而自然形成或人为构造的一种关系或相互作用。复杂网络近年来已成为科学研究的一个热点问题，其研究遍及多个科学领域，包括物理学、数学、生物学、计算机科学、经济学、管理学等。复杂网络具有很多不同的基本模型，如规则网络模型、随机网络模型、小世界网络模型、无标度网络模型等，这些都是具有不同拓扑特征的有代表性的复杂网络模型。研究表明，真实神经系统具有小世界网络特性。若将网络中的节点看作神经元，节点间通过突触连接，则可用小世界网络模拟真实的神经系统。神经元网络的共振现象（见图 3.1）近年来吸引了国内外越来越多学者的关注。研究表明，共振现象不仅与正常的脑功能（如信号的传递等）有着密切的联系，而且对某些神经疾病治疗手段的机制解释具有重要意义。

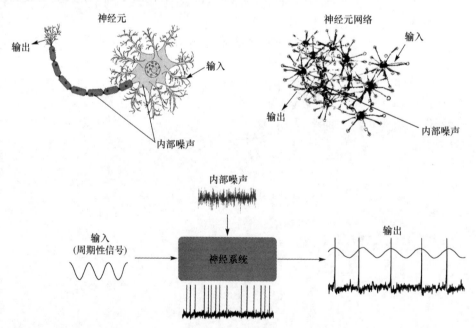

图 3.1　神经元网络中的共振现象（神经元形态图及神经元网络示意图来源于网络）

# 3.2　神经元模型及其共振机制分析

## 3.2.1　神经元模型

神经元（神经细胞）是构成神经系统的基本单位，它既是神经系统的结构单位，也是其功能单位。神经元由细胞体和细胞突起构成。细胞体是细胞含核的部分，其形状大小有很大差异。细胞突起则是由细胞体延伸出来的部分，有的突起很长，这些突起使得神经细胞之间可以以各种复杂的形式建立联系。

神经元的电性质在神经信息处理中起着举足轻重的作用，如同其他细胞一样，神经元的膜内外存在电势差（膜电位）。当神经元没有受到任何刺激时，其细胞内的电位通常比细胞外低 60～70mV，此电位差称为静息电位。当神经元接收到输入的时候，它在输入点细胞膜两侧的电位差发生变化，在阴极和阳极处产生一个对称的电位改变，称为电紧张电位。在阴极处引起膜电位降低，称为去极化，在阳极处引起膜电位升高，称为超极化。若去极化达到阈值，则在阴极产生一个具有"全或无定律"的脉冲式电位沿着神经纤维不失真地传导，称为动作电位，产生动作电位的关键是在膜上有对电压敏感的离子通道。当轴突膜受到电刺激时，膜产生去极化，使得它对钠离子和钾离子的通透性改变，产生动作电位。

神经元的可兴奋性，即组织被刺激后能够引起兴奋的能力，是引起兴奋活动的基本条件之一。可兴奋性细胞可分三类：Ⅰ类可兴奋性细胞是神经元的动作电位能在任意低的频率下产生；Ⅱ类可兴奋性细胞的动作电位仅在某一频率范围内产生，且这个频率范围对外界直流电的强度是不敏感的；Ⅲ类可兴奋性细胞在一个脉冲刺激下产生一个动作电位，而仅在非常强的注入电流下重复放电才能产生或根本不出现。

常用的神经元模型有 Hodgkin 等基于动作电位产生的离子机制建立的 HH 模型；FitzHugh 采用精简变量降低神经元模型的维数，提出的 FHN 模型；Rulkov 提出的神经元二维映射模型；Izhikevich 模型等。

1. HH 模型

1952 年 Hodgkin 和 Huxley 在神经细胞膜等效电路的研究基础上，提出了一种用于研究单个神经细胞行为的模型，称为 HH 模型，其微分方程为

$$
\begin{cases}
C_m \dfrac{\mathrm{d}V}{\mathrm{d}t} = g_K n^4 (V_K - V) + g_{Na} m^3 h (V_{Na} - V) + g_L (V_L - V) + I \\
\dfrac{\mathrm{d}m}{\mathrm{d}t} = \alpha_m(V)(1-m) - \beta_m(V)m \\
\dfrac{\mathrm{d}h}{\mathrm{d}t} = \alpha_h(V)(1-h) - \beta_h(V)h \\
\dfrac{\mathrm{d}n}{\mathrm{d}t} = \alpha_n(V)(1-n) - \beta_n(V)n(V)
\end{cases}
$$

式中，$\alpha$ 和 $\beta$ 满足

$$
\begin{cases}
\alpha_m = \dfrac{0.1(V+40)}{1-\exp[-(V+40)/10]} \\[3mm]
\beta_m = 4\exp[-(V+65)/18] \\[2mm]
\alpha_h = 0.07\exp[-(V+65)/20] \\[2mm]
\beta_h = \dfrac{1}{1+\exp[-(V+35)/10]} \\[3mm]
\alpha_n = \dfrac{0.01(V+55)}{1-\exp[-(V+55)/10]} \\[3mm]
\beta_n = 0.125\exp[-(V+65)/80]
\end{cases}
$$

方程组中变量和参数的含义如下。

$I$：通过细胞膜的电流之和。

$V$：膜电位。

$C$：膜电容。

$m$：钠离子通道中每个门打开的概率，这样的门有三个。

$n$：钾离子通道中每个门打开的概率，这样的门有四个。

$h$：钠离子通道中另一种门打开的概率，这样的门只有一个。

$g_{Na}$：钠离子的最大电导率。

$g_{K}$：钾离子的最大电导率。

$V_{Na}$：膜内外钠离子的浓度差引起的浓度差电位。

$V_{K}$：膜内外钾离子的浓度差引起的浓度差电位。

$V_{L}$：其他通道各种离子引起的有效可逆电位。

HH 模型的参数具有生物学意义和可测量性，它为探讨突触整合、树突滤波、离子流间的相互作用等提供了模型基础，具有重要意义。

2. FHN 模型

1961 年 FitzHugh 和 Nagumo 提出 FHN 模型，其表达形式为

$$
\dot{V} = f(V) - W + I + V_{xx}
$$
$$
\dot{W} = a(bV - cW)
$$

式中，$f(V)$ 是一个三次多项式；$V$ 代表膜电位，$W$ 是恢复变量，$a$、$b$、$c$ 是常量参数。

FHN 模型是由 HH 模型在某些条件下简化得到的，它虽然简洁，却反映了神经元放电活动的主要特征，因此被广泛用于研究初次神经元的放电活动。

3. Rulkov 神经元映射模型

Rulkov 提出了基于映射的单个神经元模型，其表达式为

$$x_{n+1} = \frac{\alpha}{1+x_n^2} + y_n$$

$$y_{n+1} = y_n - \eta(x_n - \sigma)$$

式中，$x$ 是膜电位，为快变量；$y$ 是离子浓度的变化，为慢变量；$\alpha$、$\eta$、$\sigma$ 为参数，$\alpha = \sigma = o(1)$，且 $0 < \eta \ll 1$，参数 $\alpha$ 非常重要，当取值不同时，模型会产生不同的放电类型。

Rulkov 映射模型既保证了数值分析和处理的有效性，又简要地包含了复杂连续时间模型的主要动力学特点，故在神经科学的研究中得到了广泛应用。

4. Izhikevich 模型

Izhikevich 神经元模型是 Izhikevich 在 2003 年提出的神经元放电模型，该模型结合了计算神经元模型和 HH 神经元模型的优点，既比较接近真实生物神经元的放电特性，又便于大规模的仿真运算。该模型的表达式为

$$\frac{\mathrm{d}v}{\mathrm{d}t} = 0.04v^2 + 5v + 140 - u + I$$

$$\frac{\mathrm{d}u}{\mathrm{d}t} = a(bv - u)$$

$$\text{如果 } v \geq 30\text{mV}，\text{ 则 } \begin{cases} v \leftarrow c \\ u \leftarrow u + d \end{cases}$$

式中，$v$ 代表膜电位；$u$ 为恢复变量，它反映了 $\mathrm{K}^+$、$\mathrm{Na}^+$ 的活动，并给膜电位提供一个负反馈；$a$ 描述了恢复变量 $u$ 的时间尺度，$a$ 越小恢复得越慢；$b$ 描述了恢复变量 $u$ 对膜电位 $v$ 阈下波动的敏感度；$c$ 表示神经元放电后 $v$ 的复位值；$d$ 表示神经元放电后 $u$ 的复位值。

## 3.2.2　神经元模型共振机制分析

类似于 SR 中的噪声，振动共振中的高频（high frequency，HF）信号扮演了一个相似的角色。具有最优幅值的高频驱动可增强兴奋性系统对一个低频（low frequency，LF）阈下信号的响应[1]。在这种情况下，系统处于两个完全不同的周期性信号的作用下。这样的双谐信号在很多领域应用很普遍，包括神经动力学，例如，放电神经元可以呈现两种广泛的不同时间尺度[2]。自从 Landa 等提供了 VR 的第一个数值观察[3]，这一现象在各种非线性动力学系统中通过实验、数值或者理论的方法被研究。文献[4]中报道了一个双稳态垂直空腔激光器中 VR 的实验证据和特性。双稳态系统中附加噪声对 VR 的理论和实验研究在文献[5]和文献[6]中给出。在文献[7]中，基于受完全不同频率双谐外力作用的过阻尼双稳态振荡器，在一个用模拟电路实现的实验中得到了一个类似共振的行为，对这一行为的解释基于文献[8]中用直接分离运动的方法[9]描述的近

似理论方法。这种近似方法被用于非线性 VR[10]的研究，单向耦合双稳态系统通过 VR 的信息传递[11]，双稳态系统中频率-共振-增强 VR[12]，有三种电压单势阱情况的阻尼齐次多项式振荡器中的 VR[13]，由相位锁定模式转迁引发的 VR[14]，以及 FHN 模型中的高频影响[15]。大多数理论研究的重点放在过阻尼双稳态振荡器的 VR 上，其中的动力学可以被描述为一个阻尼粒子在一个对称双势阱中的运动。电位可能不对称地上下倾斜，当双稳态系统受一个微弱的低频力作用时，周期性地升高或降低势垒。VR 现象的出现与高频外力引发的有效电位形状的变化有关。响应幅值与低频信号幅值的比值被用来在理论分析中评估 VR[4-13]。

由于兴奋性系统对外部刺激的响应对于理解各种系统，特别是神经系统中的信号检测和传输机制具有重要意义，不同于上面提到的研究，作者感兴趣的是高频外力信号对文献[1]中神经系统信号检测和传输的影响的理论分析。由于放电是神经系统中通信的主要方式，且 VR 可能由兴奋性系统中相位锁定转迁引发[14]，这里引入对低频刺激正半周或负半周的响应放电的锁相比来评估共振，而不使用文献[4]～文献[13]中的放大比。Cubero 等[15]研究了神经元模型中的高频效应，但在分析中，高频外力的频率应接近无穷大，而作者感兴趣的频率接近静息状态下神经元模型的固有频率。

很多神经元模型可以简化为二维快慢系统，如 FHN 模型，其中引入一个很小的参数来描述快变量和慢变量时间尺度的比。由于慢变量在快变量的时间尺度上几乎是常数，它仅作为快变量双势阱电压方程表达式中的参数。放电产生的初始动力学可以被描述为阻尼粒子在神经元模型分岔点附近，非对称双势阱电压中的一个势阱中的运动。因此文献[8]中给出的近似理论方法可以被用来分析神经元模型分岔点附近的 VR。

考虑到上述情况，基于放电对低频信号的锁相比，下面采用近似的方法给出参数在分岔点附近，神经元模型中高频对 VR 影响的分析，其中高频驱动力的频率是低频信号的 1050 倍，且被设定为接近静息状态下神经元模型的固有频率。

### 1. 放电产生动力学

在两个谐波信号的情况下，FHN 模型用下面的方程定义：

$$\varepsilon \dot{x} = x - \frac{x^3}{3} - y \tag{3.1}$$

$$\dot{y} = x + a + A\cos(\omega t) + B\cos(\Omega t) \tag{3.2}$$

式中，$x$ 和 $y$ 均为关于时间 $t$ 的函数，$x(t)$ 代表 $t$ 时刻神经元的膜电位，$y(t)$ 与 $t$ 时刻神经元膜电位中钾离子通道的电导率有关；选取时间尺度 $\varepsilon = 0.01$，以便催化剂 $x(t)$ 比抑制剂 $y(t)$ 变化快得多；$A\cos(\omega t)$ 和 $B\cos(\Omega t)$ 分别代表外加信号的低频和高频成分。低频和高频驱动频率的选取满足 $\omega \ll \Omega$。

首先，考虑式（3.1）和式（3.2）没有驱动的情况，在这种情况下，式（3.1）和式（3.2）有一个特殊的定点 $(x, y) = (x_0, y_0)$，其中

$$x_0 = -a, y_0 = \frac{a^3}{3} - a \tag{3.3}$$

将式（3.1）和式（3.2）在定点线性化，得到系统的特征值为

$$\lambda(a) = \frac{1 - a^2 \pm \sqrt{(1-a^2)^2 - 4\varepsilon}}{2\varepsilon} \tag{3.4}$$

因此，系统在 $a=1$ 的地方有一个霍普夫分岔点。存在一个对于 $a<1$ 全局稳定的极限环。当且仅当 $a<1$ 时，定点是全局吸引的。需要注意，对于 $a>a_N$，定点将会变成一个稳定节点而不是一个焦点，其中

$$a_N = \sqrt{1 + 2\varepsilon^{1/2}} \approx 1.1 \tag{3.5}$$

当 $a$ 从上面的值接近 1 时，极限环有很大的振幅，在下面的分析中，设定 $a = 1 + \Delta a$，其中 $\Delta a \in (0, 0.1)$，以便使神经元是兴奋的，且定点附近的阈下动力学是振荡的。振荡的频率为

$$\omega_0(a) = \frac{\sqrt{(1-a^2)^2 - 4\varepsilon}}{2\varepsilon}$$

可以看到，$\omega_0(a)$ 随着 $a$ 的增加而减小，$\omega_0(a) \to 10$，$a \to 1$。

为了理解参数 $a$ 对放电产生的影响，首先对式（3.1）和式（3.2）中的变量 $t = \varepsilon\tau$ 作些改变，即

$$dx = \left(x - \frac{1}{3}x^3 - y\right)d\tau \tag{3.6}$$

$$dy = \varepsilon(x + a)d\tau \tag{3.7}$$

式（3.6）可变形为

$$dx = -\frac{\partial V(x, y)}{\partial x}d\tau \tag{3.8}$$

定义 $V$ 为一个电压函数，即

$$V(x, y) = -\frac{1}{2}x^2 + \frac{1}{12}x^4 + xy \tag{3.9}$$

由于 $\varepsilon \ll 1$，$y$ 在式（3.7）中的时间尺度下几乎是常数，在式（3.9）中被当成一个参数。在固定点，电压方程可以被视为仅含 $x$ 的方程，即

$$V_0(x) = -\frac{1}{2}x^2 + \frac{1}{12}x^4 + xy_0 \tag{3.10}$$

从式（3.3）和式（3.10）可以看出，电压的波形随着参数 $a$ 的值将会改变。如图 3.2 所示，$V_0(x)$ 是一个双势阱电压，极小值分别是静息状态下 $x$ 的值以及 $a>1$ 时的放电值。两个极小值被一个势垒分开，高度 $\Delta V$ 与 $a$ 的值相关。在这种情况下，周期性驱

动力的幅值要足够大，以便驱动力可以使粒子从一个势阱到达另一个。势垒高度 $\Delta V$ 在 $a = 1$ 时为 0，因而即使输入信号很微弱，神经元模型也将会产生一个放电。$V_0(x)$ 在 $a < 1$ 时只有一个势阱，所以系统成为一个振荡器，周期为[16]

$$T = \lim_{a \to 1} \left[ 3 - (1 - a^2) \ln \left( \frac{4 - a^2}{1 - a^2} \right) \right] = 3 \tag{3.11}$$

根据上面的分析，令式（3.2）中低频信号的幅值足够小，$A < \Delta a$，从而满足低频信号是阈下刺激。

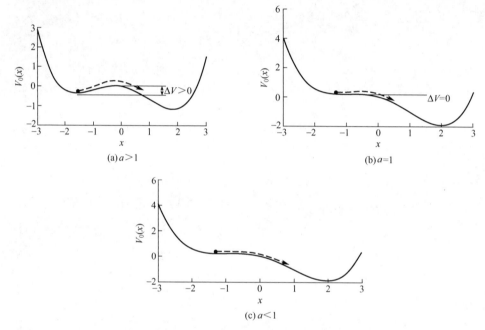

图 3.2　$a$ 取不同值时电压 $V_0(x)$ 的图形

### 2. 理论分析和数值结果

分岔点附近 FHN 神经元模型中高频效应的理论分析可以用文献[7]和文献[8]中的近似方法给出，这种方法将一个受低频和高频调制的系统的动力学解耦为一个慢动作和一个快动作。根据前面给出的外力的时间尺度和频率，可以清楚地看到低频信号和 FHN 模型时间常数之间的时间尺度，以及高频外力的时间尺度。式（3.1）和式（3.2）中的变量可以改写为

$$x(t) = X(t) + \psi(t, \Omega t) \tag{3.12}$$

$$y(t) = Y(t) + \eta(t, \Omega t) \tag{3.13}$$

式中，$X(t)$ 和 $Y(t)$ 是描述阈下振荡慢运动的变量；$\psi(t, \Omega t)$ 和 $\eta(t, \Omega t)$ 是"快"时间 $\tau = \Omega t$ 的 $2\pi$ 周期函数，关于时间的均值为 0。

$$\overline{\psi(t,\tau)} = \frac{1}{2\pi}\int_0^{2\pi}\psi(t,\tau)\mathrm{d}\tau = 0 \tag{3.14}$$

$$\overline{\eta(t,\tau)} = \frac{1}{2\pi}\int_0^{2\pi}\eta(t,\tau)\mathrm{d}\tau = 0 \tag{3.15}$$

低频信号相比于系统的时间常数变化缓慢，因此可以合理地将它看作与低频信号瞬时值一致的序列图。考虑式（3.14）和式（3.15），可以分别得到慢动作和快动作的方程：

$$\varepsilon\dot{X} = X - \frac{x^3}{3} - Y - X\overline{\psi^2} - \frac{\overline{\psi^3}}{3} \tag{3.16}$$

$$\dot{Y} = X + a', a' \in [a - A, a + A] \tag{3.17}$$

$$\varepsilon\dot{\psi} = \psi - X^2\psi - X(\psi^2 - \overline{\psi^2}) - \frac{1}{3}(\psi^3 - \overline{\psi^3}) - \eta \tag{3.18}$$

$$\dot{\eta} = \psi + B\cos(\Omega t) \tag{3.19}$$

需要注意的是，式（3.16）～式（3.19）仅描述了定点 $(x_0, y_0) = \left(-a, \frac{a^3}{3} - a\right)$ 附近的阈下振荡，其中 $a = 1 + \Delta a$，$\Delta a \in (0, 0.1)$。变量 $X(t)$ 仅作为一个参数，且 $x_0 = -(1 + \Delta a)$，则 $1 - X^2 = -2\Delta a + \Delta a^2$。由于 $\Delta a \in (0, 0.1)$，可以忽略平方项，得到近似 $1 - X^2 \approx -2\Delta a$。式（3.18）和式（3.19）中描述的振荡的幅值足够小，所以可以从式（3.18）和式（3.19）中得到近似，即

$$\varepsilon\ddot{\psi} + 2\Delta a\dot{\psi} + \psi \approx -B\cos(\Omega t) \tag{3.20}$$

从而可以很容易地得到式（3.20）的解：

$$\psi = -\frac{B}{\sqrt{(1 - \varepsilon\Omega^2)^2 + (2\Delta a\Omega)^2}}\cos(\Omega t + \theta) \tag{3.21}$$

$$\theta = -\arctan\frac{2\Delta a\Omega}{1 - \varepsilon\Omega^2} \tag{3.22}$$

从式（3.21）可以得到

$$\overline{\psi^2} = \frac{1}{2}\frac{B^2}{(1 - \varepsilon\Omega^2)^2 + (2\Delta a\Omega)^2} \tag{3.23}$$

$$\overline{\psi^3} = 0 \tag{3.24}$$

将式（3.23）和式（3.24）代入式（3.16），得到定点附近慢运动的近似方程：

$$\varepsilon\dot{X} = f(B, \Omega)X - \frac{X^3}{3} - Y_0 \tag{3.25}$$

$$Y_0 = \frac{a'^3}{3} - a', a' \in [a - A, a + A]$$

$$f(B, \Omega) = 1 - \frac{1}{2} \frac{B^2}{(1 - \varepsilon\Omega^2)^2 + (2\Delta a\Omega)^2}$$

式（3.25）与文献[3]中使用的过阻尼双稳态振荡器有相似的形式，但是需要注意，状态变量 $Y$ 在式（3.25）中仅当系统处于平衡点（静息状态）时才可以看做一个常数。一旦 $X$ 离开静息状态的吸引域，达到兴奋状态时，$Y$ 会迅速改变，将其重新移动到静息状态，以便能产生一个动作电位。因此式（3.25）与文献[3]中的双稳态振动器有一点区别。根据放电产生动力学部分的分析，电压方程为

$$V_0(X) = -\frac{1}{2} f(B, \Omega) X^2 + \frac{1}{12} X^4 + Y_0 X \tag{3.26}$$

在神经系统中由于放电序列是主要的通信手段，在兴奋性系统中 VR 也许是由锁相模型的转迁引起的[14]，用低频刺激正/负半周响应放电的锁相比来评估 VR，而不是广泛用于研究双稳态振荡器中的 VR 所使用的放大率。锁相比是 $r$，即每半个低频信号周期有 $r$ 个放电。很明显 $r_{max} = \pi / \omega T$。在下面的分析中，依据 $r_{max}$ 将引入一个归一化标量 $R$，即如果 $r = r_{max}$，则 $R = R_{max} = 1$。

如果式（3.26）与图 3.2（a）有相同的形式，则在低频信号的半周期内系统不会持续放电。但如果式（3.26）与图 3.2（c）有相同的形式，那么系统不仅会在低频信号的半周期内作出响应放电，同样会在另一个半周期内放电。如果式（3.26）与图 3.2（b）有相同的形式，即势垒高度 $\Delta V = 0$，则一个微弱的扰动可能会引发一次放电，因而锁相比会达到最大值。式（3.26）的判别式为

$$\Delta = 9Y_0^2 - 4f^3 \tag{3.27}$$

如果 $\Delta = 0$，则方程 $\dfrac{dV_0(X)}{dX} = 0$ 有两个相等的实根，因此势垒高度 $\Delta V = 0$，锁相比的归一化为

$$R = 1 - 2 \frac{\arcsin\left(\dfrac{|\tilde{a} - a|}{\Delta a}\right)}{\pi} \tag{3.28}$$

式中，$\Delta a = 1 - a \in (0, 0.1)$。

如果 $\tilde{a} = a$，则锁相比将达到最大值。为了从一个全面的角度看高频外力对 VR 的影响，可以通过在高频幅值 $B$ 和频率 $\Omega$ 的参数空间解方程 $\Delta = 0$ 来得到等值线图，然后计算出图 3.3 中的 $R$。深红（深灰）色区域显示了 VR 现象的出现。图 3.3 中描述的现象通过放电产生动力学部分的分析很容易理解。由于参数 $a$ 的值接近 1，系统的阈下动力学是一个振荡器，频率 $\omega_0(a) = \dfrac{\sqrt{(1 - a^2)^2 - 4\varepsilon}}{2\varepsilon}$。当高频驱动的频率接近系统固有频率的时候，

能引发最大锁相比的高频（用 $B_{VR}$ 表示）最优幅值将取得最小值。但如果 $a$ 接近 $a_N \approx 1.1$，系统的定点将变为一个稳定的节点，而不是一个焦点，在阈下动力学机制下的系统相当于一个低通滤波器，因此 $B_{VR}$ 会随着高频驱动频率的增加而增加。

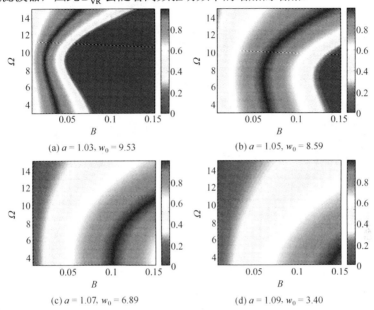

(a) $a = 1.03$, $w_0 = 9.53$　　　　　　　　(b) $a = 1.05$, $w_0 = 8.59$

(c) $a = 1.07$, $w_0 = 6.89$　　　　　　　　(d) $a = 1.09$, $w_0 = 3.40$

图 3.3　$B$-$\Omega$ 平面锁相比 $R$ 的等值线图（深红（深灰）区域表示较大的 $R$ 值）

可以注意到式（3.1）和式（3.2）所描述系统与文献[14]中使用的模型类似。基于模型，给出理论分析来验证数值结果，数值结果很详细地证明了锁相模型对高频驱动力的依赖。然而，文献[14]中使用的理论方法与本书中使用的不同。首先，在文献[14]中，近似演化方程是基于这样一个假说，高频驱动的频率足够大，理论分析只有当高频驱动的频率高于模型的自然频率时才是有效的。并且，理论分析仅阐明了高频驱动引起的从非可激发态到激发态过渡的机制，而非从一个锁相模式到另一个锁相模式的机制。

根据式（3.28），$B_{VR}$ 在频率 $\Omega$ 和参数 $a$ 平面的等值线图以及 $a$ 取不同值时 $B_{VR}$ 和 $\Omega$ 的关系如图 3.4 所示，以此来证明参数 $a$ 对 $B_{VR}$ 取值的影响。当高频驱动的频率接近固有频率时，很微弱的高频驱动就可以引发模型中的 VR 现象。如果固有频率 $\omega_0(a)$ 比放电频率小，即 $\omega_0(a) < \dfrac{2\pi}{T}$，VR 将不会出现在模型中。

根据图 3.4 可以给出神经元模型中 VR 的数值结果。为了评估输出信号中输入频率的幅值，计算低频信号频率 $\omega$ 的傅里叶系数 $Q$，即

$$Q = \sqrt{Q_{\sin}^2 + Q_{\cos}^2}$$

$$Q_{\sin} = \frac{\omega}{2n\pi} \int_0^{2n\pi/\omega} 2x(t)\sin(\omega t)\mathrm{d}t$$

$$Q_{\cos} = \frac{\omega}{2n\pi} \int_0^{2n\pi/\omega} 2x(t)\cos(\omega t)\mathrm{d}t$$

式中，$n$ 是积分时间内周期 $2\pi/\omega$ 的个数；$Q$ 的最大值表明输入信号和响应之间相位同步最好。由于神经系统中的信息是通过放电而不是阈下振荡来运输的，所以应主要研究放电的频率。在 $Q$ 值的计算中设定阈值 $V_s = 0$。如果 $x(t) < V_s$，则 $x(t)$ 被定点 $V_f = -1$ 的值取代，否则 $x(t)$ 保持不变。

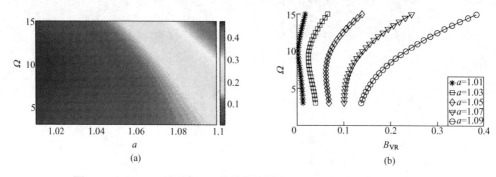

图 3.4 　（a） $a$-$\Omega$ 平面中 $B_{\mathrm{VR}}$ 的等值线图和（b） $a$ 取不同值时 $B_{\mathrm{VR}}$-$\Omega$ 图

　　将低频信号的频率和幅值设定为 $A = 0.01$ 和 $\omega = 0.1$，以便使低频信号是一个阈下输入。响应测度 $Q$ 和数值锁相比 $R$ 随高频幅值 $B$ 的变化如图 3.5（a）所示。神经元响应对高频驱动幅值的依赖展现了一种共振的模式，在 $B$ 的最优值处（用 $B_{\mathrm{VR}}$ 表示）取得最大值。图中清楚地展示了 $Q$ 的变化与锁相比 $R$ 的变化一致。因此，VR 与相位锁定模式之间的关系得证。可以得出结论，不同相位锁定模式之间的转换引发了兴奋性系统中的 VR[14]。根据式（3.28），可通过设定 $R = R_{\max} = 1$ 来得到 $B_{\mathrm{VR}}$，因此，理论分析中用锁相比来评估 VR 是合理的。

　　图 3.5（b）中画出了不同高频幅值 $B$ 的情况下变量 $x(t)$ 的时间序列。为了进行对比，同样画出了阈下低频信号。模型的所有输出都在阈下，且当高频驱动的幅值很小时（$B = 0.045$），输出没有携带任何弱低频信号的信息。在这种情况下，很明显，锁相比 $R$ 是 0。增大高频驱动的幅值（如 $B = 0.05$），少量放电出现在低频信号的负半周期。由 $\omega = 0.1$ 和 $T = 3$，可以很容易地得到 $r_{\max} = \pi/\omega T \approx 10$。这种情况下的锁相比为低频信号的每半个周期有两次放电，所以可以计算出 $R = r/r_{\max} = 2/10 = 0.2$。当高频幅值达到最优时（$B = 0.058$），在低频信号的负半周，模型放电的输出是连续的，而在正半周静息状态附近是波动的。这种情况下锁相比 $R = 0.8$，接近 $R_{\max} = 1$，所以输出和输入非常同步，且弱低频信号的信息被显著放大。继续增大幅值（如 $B = 0.066$），放电出现在低频信号的正半周，所以锁相比由 0.8 下降至 0.2。这表明，信息处理能力又退化了。从这些结果中可以看出，不同锁相模式的转迁引发了兴奋性系统中的 VR[14]。

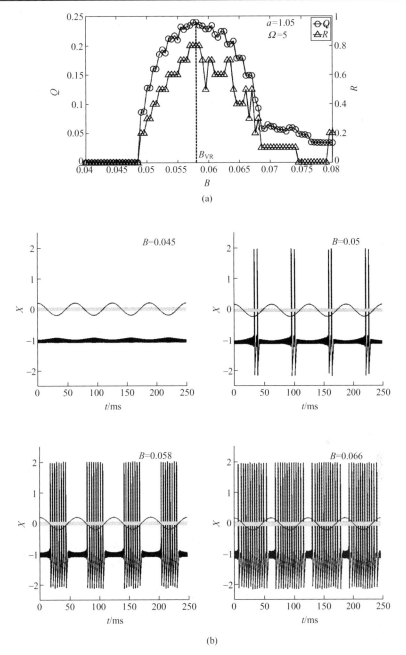

图 3.5 （a）FHN 模型的响应 $Q$、数值锁相比 $R$ 和（b）不同高频幅值 $B$ 下 $x(t)$ 的
时间序列（高频输入：粗水平线；低频信号：细波浪线，幅值是真实值的 20 倍）

　　然后通过计算响应放电序列的 $Q$ 值来得到 $B_{VR}$ 并记录随着 $\Omega$ 的改变，最大的 $Q$
值所对应的 $B$。图 3.6 展示了参数 $a$ 取不同值时 $B_{VR}$ 和 $\Omega$ 的值。为了对比，相关的理

论结果也显示在这张图中。由图 3.6 可知，当 $\Omega$ 接近固有频率 $\omega_0(a)$ 时，$B_{\mathrm{VR}}$ 取得最小值，这与理论分析的结果一致。

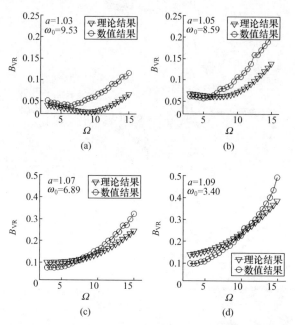

图 3.6　参数 $a$ 取不同值时 $B_{\mathrm{VR}}$ 对高频驱动频率 $\Omega$ 依赖的理论和数值结果

如图 3.6 所示，当高频驱动的频率接近模型的固有频率时，理论结果和数值结果有很大的偏差，这主要是由式（3.20）推导引起的，其中在理论分析时慢动作 $X(t)$ 被认为是一个常数。然而实际上，$X(t)$ 总是在静息状态附近展示出波动，当 $\varepsilon \ll 1$ 时，会严重影响式（3.20）描述的系统共振频率（$\omega_r = \sqrt{\varepsilon - 2\Delta a^2}/\varepsilon$）。并且，式（3.20）的解即式（3.21），可显著改变电压式（3.26）的形状，所以理论上的 $B_{\mathrm{VR}}$ 与从数值仿真中得到的 $B_{\mathrm{VR}}$ 之间会出现偏差。如果能将由 $X(t)$ 在 $x_0$ 附近的波动引起的共振频率的改变考虑到理论分析中，那么理论结果将得到改善。

## 3.3　神经元网络结构

### 1. 小世界网络

人的大脑中约有 $10^{11}$ 个神经元，神经元之间通过突触连接构成神经元网络，实现大脑的各种生理功能。研究表明，大脑神经元网络具有小世界拓扑结构特征。一个小世界网络意味着，无论它多复杂，网络中任意两个节点之间都只有很少的间隔。

1998 年，Strogatz 和 Watts 提出了由规则网络向随机网络过渡的小世界网络模型。随机重连过程是处于规则网络和随机网络之间的插值过程，不改变原来网络的顶点及边的数目。首先从一个包含 $N$ 个节点的规则环形开始，每个节点与它的 $k$ 个最近的节点通过边相连，图 3.7 显示了一个 $N = 20$，$k = 4$ 的例子。

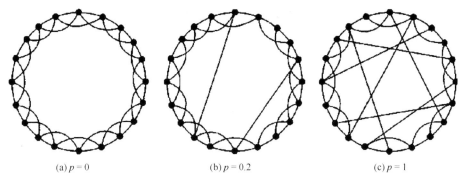

(a) $p = 0$　　　　　　　　(b) $p = 0.2$　　　　　　　　(c) $p = 1$

图 3.7　小世界网络

选择网络中的一点以及顺时针连接它与最近节点的边，根据重连概率 $p$，重新建立连接此节点与网络中其他任意节点的边，不允许和原来的连接重合。沿着环的顺时针方向重新选择节点和边，重复这个过程直到一圈结束。接下来，考虑节点和离它第二远的节点的连接边，与前面相同，依据重连概率重连，重复这个过程并绕环一周。由于整个网络中存在 $Nk/2$ 条边，所以重连过程要重复 $k/2$ 圈。

### 2. 模块化小世界网络

模块化小世界神经元网络是由 $M$ 个子网络构成的复杂神经系统，结构如图 3.8 所示，每个子网络只与位置最近的两个子网络相连构成一个环形，另外，每个子网络都是包含 $N$ 个神经元的 WS 型小世界网络。

### 3. 前馈网络

前馈网络被广泛地应用于解决各种问题，前馈神经元网络结构是神经系统中最普遍的结构之一，前馈神经元网络（见图 3.9）的每一层分别和一个神经元功能组对应，信息在网络中是逐层传递的，即信息从前一层传递到与其相连的下一层。目前采用前馈神经元网络模型所得的研究结果与生理实验的结果基本符合，因此，研究前馈神经元网络中的传递及处理对于揭示人脑中信息的传导具有重要意义。

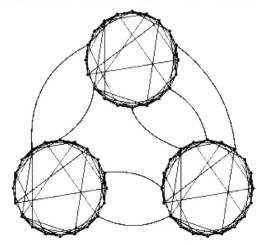

图 3.8　模块化小世界网络

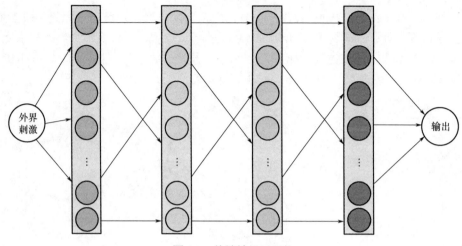

图 3.9　前馈神经元网络

# 3.4　神经元网络中的随机共振

## 3.4.1　小世界神经元网络中的随机共振

采用 Strogatz 和 Watts 提出的随机重连方法构造一个包含 $N = 200$ 个神经元的小世界神经元网络，重连概率 $p = 0.2$。网络中的每个神经元节点用 Rulkov 提出的二维映射模型来描述，在噪声的作用下其动力学方程为

$$x_{i,n+1} = \frac{\alpha}{1 + x_{i,n}^2} + y_{i,n} + I_{i,n}^{\text{syn}}(x_{i,n}) + I_i^{\text{ext}}(n) + \xi_i(n)$$

$$y_{i,n+1} = y_{i,n} - \beta x_{i,n} - \gamma$$

（3.29）

式中，下标 $i$ 表示网络中的第 $i(i = 1, 2, 3, \cdots, N)$ 个神经元；$x$ 和 $y$ 分别是模型的快动力学变量和慢动力学变量；$\alpha$、$\beta$、$\gamma$ 为模型参数；$I_i^{\text{ext}}(n) = A\sin(\omega n)$ 为外部刺激电流，$A$ 和 $\omega$ 分别为正弦信号的幅值和角频率；$\xi_i(n)$ 是均值为零，方差为 $\sigma$ 的高斯白噪声，$\sigma$ 的大小表征了噪声强弱，可以视为噪声强度；$I_{i,n}^{\text{syn}}$ 是耦合项，它描述了神经元 $i$ 的突触电流，具体形式为

$$I_{i,n}^{\text{syn}}(x_{i,n}) = \varepsilon \sum_j C(i, j)(x_{j,n} - x_{i,n})$$

（3.30）

式中，$\varepsilon$ 表示耦合神经元之间的连接强度。$C = C(i, j)$ 是一个 $N \times N$ 维连接矩阵，如果小世界网络中神经元 $i$ 和神经元 $j$ 之间存在连接突触，则 $C(i, j) = C(j, i) = 1$，否则 $C(i, j) = C(j, i) = 0$，且 $C(i, i) = 0$。模型参数为 $\alpha = 1.95$，$\beta = \gamma = 0.001$，无外界刺激时所有神经元都处于平衡点 $(x^*, y^*) = (-1, -1.975)$。外部刺激信号参数为 $A = 0.008$，$\omega = 0.006$，将正

弦信号 $A\sin(\omega n)$ 加载在小世界网络中的某个神经元上，当噪声强度 $\sigma = 0$ 时，网络中所有神经元处于阈下振荡状态。

图 3.10 给出了不同噪声强度 $\sigma$ 条件下，小世界网络中所有神经元的放电时间分布。设定神经元之间的耦合强度 $\varepsilon = 0.005$，以保证神经元网络能够同步放电。显而易见，噪声强度的大小对网络中神经元的放电节律有重要影响。当噪声强度较弱时，如 $\sigma = 0.025$，所有神经元只能随机地超过放电阈值而产生动作电位，且分布较为稀疏，如图 3.10（a）所示；当噪声强度适中时，如 $\sigma = 0.008$ 和 $\sigma = 0.01$，神经元的动作电位序列趋于规则化，接近于周期放电，如图 3.10（b）和图 3.10（c）所示；而当噪声强度过大时，如 $\sigma = 0.03$，动作电位序列的规整性又被破坏，随机性明显增强，如图 3.10（d）所示。由图 3.10 可以看出，只有在合适的噪声强度下，神经元才会产生与弱低频信号同频率的放电响应，从而实现对弱周期信号的准确检测和传导；而过强的噪声会使神经元动作电位的时间规整性变差，以致湮没微弱的外部周期刺激信号。考虑到小世界网络中神经元的度分布具有不均匀性，将弱周期刺激信号 $A\sin(\omega n)$ 分别加载在度数较低和较高的神经元上，将所得的结果进行对比，并没有发现明显的区别。根据王青云等的研究结论，局部周期信号刺激引发的神经网络随机共振现象要优于将周期信号加载在所有神经元上得到的随机共振效果。

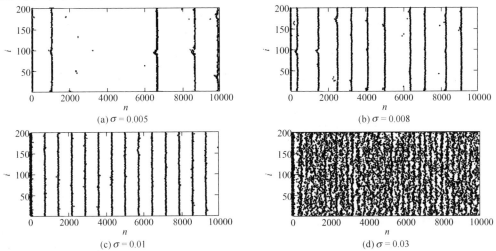

(a) $\sigma = 0.005$

(b) $\sigma = 0.008$

(c) $\sigma = 0.01$

(d) $\sigma = 0.03$

图 3.10　不同噪声强度 $\sigma$ 对应的神经元放电时间分布

为了定量描述随机噪声对神经系统动力学行为的影响，可以计算系统输出对输入信号频率 $\omega$ 的线性响应（傅里叶系数），即

$$Q_{\sin} = \frac{1}{\text{Tt}} \sum_{n=1}^{\text{Tt}} 2x_n \sin(\omega n) \tag{3.31a}$$

$$Q_{\cos} = \frac{1}{\text{Tt}} \sum_{n=1}^{\text{Tt}} 2x_n \cos(\omega n) \tag{3.31b}$$

$$Q = \sqrt{Q_{\sin}^2 + Q_{\cos}^2} \qquad (3.31c)$$

式中，Tt 为系统迭代的步数。对于小世界神经元网络，$Q$ 取所有神经元 $Q^{(i)}$ 的均值，即

$$Q = \frac{1}{N}\sum_{i=1}^{N} Q^{(i)} \qquad (3.32)$$

在后面的计算中取 Tt = 100000，并且为了消除系统中随机因素的影响，对每组参数多次计算取其平均 $Q$ 值为最终结果。

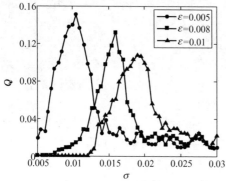

图 3.11 给出了不同的耦合强度 $\varepsilon$ 条件下，小世界神经元网络的线性响应 $Q$ 随噪声强度 $\sigma$ 的变化曲线。结果表明，在固定的耦合强度 $\varepsilon$ 下，存在最优的噪声强度 $\sigma$，使得系统输出对输入信号的线性响应 $Q$ 达到峰值，小世界神经元网络产生随机共振现象。另外，随着神经元之间耦合强度的增大，系统的线性响应曲线向右移动，且响应峰值 $Q_{\max}$ 有衰减趋势。这是因为随着耦合强度的增大，神经元网络的整体性变好，对于外部

图 3.11　线性响应 $Q$ 随噪声强度 $\sigma$ 的变化曲线

刺激信号的分散能力增强，系统需要借助更大强度的噪声刺激才能产生随机共振现象。

### 3.4.2　模块化神经元网络中的随机共振

对于一个由 $M$ 个小世界子网络构成的模块化神经元网络，在噪声刺激下神经元的动力学方程为

$$x_{I,i}(n+1) = \frac{\alpha}{1 + x_{I,i}^2(n)} + y_{I,i}(n) + I_{I,i}^{\text{ext}}(n) + I_{I,i}^{\text{syn}}(n) + \xi_{I,i}(n)$$

$$y_{I,i}(n+1) = y_{I,i}(n) - \beta x_{I,i}(n) - \gamma \qquad (3.33)$$

式中，下标 $(I,i)$ 表示第 $I(I=1,2,\cdots,M)$ 个子网络中的第 $i(i=1,2,3,\cdots,N)$ 个神经元；$x$ 和 $y$ 分别是模型的快动力学变量和慢动力学变量；$\alpha$、$\beta$、$\gamma$ 为模型参数；$I_{I,i}^{\text{ext}}(n)$ 为外部刺激电流，具体形式为 $I_{I,i}^{\text{ext}}(n) = A\sin(\omega n)$，$A$ 和 $\omega$ 分别为正弦信号的幅值和角频率；$\xi_{I,i}(n)$ 是均值为零，方差为 $\sigma$ 的高斯白噪声；$I_{I,i}^{\text{syn}}(n)$ 为神经元 $(I,i)$ 的突触电流，其具体形式为

$$I_{I,i}^{\text{syn}}(n) = \varepsilon_{\text{intra}} \sum_j A_I(i,j)[x_{I,j}(n) - x_{I,i}(n)]$$

$$+ \varepsilon_{\text{inter}} \sum_J \sum_j B_{I,J}(i,j)[x_{J,j}(n) - x_{I,i}(n)] \qquad (3.34)$$

式中，$\varepsilon_{\text{intra}}$ 表示子网络内神经元之间的耦合强度；$\varepsilon_{\text{inter}}$ 表示子网络间神经元之间的耦合强

度，$A_I = A_I(i,j)$ 为第 $I$ 个子网络内神经元连接矩阵，如果神经元 $i \in I$ 和神经元 $j \in I$ 之间有突触相连，则 $A_I(i,j) = A_I(j,i) = 1$，否则 $A_I(i,j) = A_I(j,i) = 0$。$B_{I,J} = B_{I,J}(i,j)$ 为两个子网络 $(I,J)$ 之间神经元的连接矩阵，如果神经元 $i \in I$ 和神经元 $j \in J$ 之间有突触相连，则 $B_{I,J}(i,j) = B_{J,I}(j,i) = 1$，否则 $B_{I,J}(i,j) = B_{J,I}(j,i) = 0$。

　　首先，对 $M = 2$ 个小世界子网络构成的神经系统进行分析，设定映射模型参数为 $\alpha = 1.95$，$\beta = \gamma = 0.001$，网络参数为子网络内、外耦合强度 $\varepsilon_{\text{intra}} = \varepsilon_{\text{inter}} = 0.005$，重连概率 $p = 0.1$，子网络间连接概率 $P = 0.05$，子网络大小 $N = 100$。为了研究起搏器的作用，将正弦信号 $A\sin(\omega n)$ 加载在网络中的某一神经元 $(I,i)$ 上，设定外部刺激信号参数为 $A = 0.008$，$\omega = 0.006$。当噪声强度 $\sigma = 0$ 时，所有神经元都处于阈下振荡状态。

　　图 3.12 给出了随机噪声强度 $\sigma$ 取不同值的条件下，模块化神经元网络中各个神经元

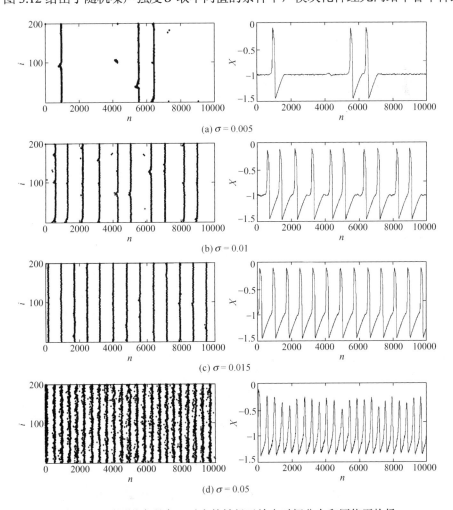

图 3.12　不同噪声强度 $\sigma$ 对应的神经元放电时间分布和网络平均场

的放电时间分布和网络的平均场序列 $X$。由图可见，噪声强度的大小对网络中神经元的放电节律有重要影响。和单个小世界神经元网络仿真结果类似，只有在合适强度的噪声作用下，神经元才会产生与弱刺激信号同频率的放电响应（锁相），如图 3.12（b）所示。较弱的噪声只能刺激网络中的神经元产生随机分布的动作电位序列，如图 3.12（a）所示；而过强的噪声会使神经元动作电位的时间规整性变差，随机性增强，从而湮没了微弱的外部刺激信号，如图 3.12（d）所示。以上现象表明模块化神经元网络中可能存在非线性随机共振现象。图 3.13 给出了模块化神经元网络的线性响应 $Q$ 随噪声强度 $\sigma$ 的变化曲线。明显可见，存在最优的噪声强度 $(\sigma = 0.015)$ 使得系统输出对输入低频信号的线性响应 $Q$ 达到峰值，此时模块化神经元网络产生随机共振现象。

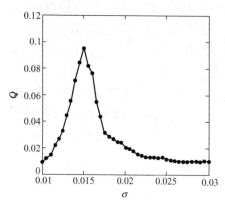

图 3.13　线性响应 $Q$ 随噪声强度 $\sigma$ 的变化曲线

下面研究网络参数对模块化神经元网络随机共振特性的影响。图 3.14（a）和图 3.15（a）分别给出了子网络内、外耦合强度 $\varepsilon_{\text{intra}}$ 和 $\varepsilon_{\text{inter}}$ 取不同值的条件下，线性响应 $Q$ 随噪声强度 $\sigma$ 的变化关系。对于固定的耦合强度 $\varepsilon_{\text{intra}}$ 和 $\varepsilon_{\text{inter}}$，均存在最优的噪声强度 $\sigma$ 使得 $Q$ 达到峰值，模块化神经元网络产生随机共振现象。另外，随着耦合强度 $\varepsilon_{\text{intra}}$ 和 $\varepsilon_{\text{inter}}$ 的逐渐增大，线性响应峰值 $Q_{\text{m}}$ 出现最大值，存在最优的 $\varepsilon_{\text{intra}}$ 和 $\varepsilon_{\text{inter}}$ 值使得系统共振性能最佳，如图 3.14（b）和图 3.15（b）所示。这表明在模块化神经元网络中，神经元之间的耦合强度在弱低频信号的传递和检测过程中发挥着关键作用。只有当耦合强度保持在某个合适的范围内，系统对弱信号的检测和传递能力才最强。该结果与 3.4.1 节中研究的单个小世界神经元网络的随机共振特性类似。

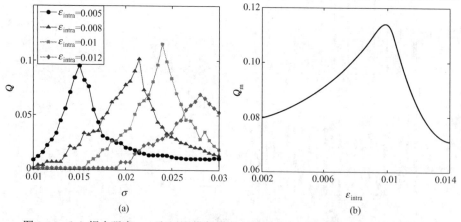

(a)　　　　　　　　　　　　　(b)

图 3.14　（a）耦合强度 $\varepsilon_{\text{intra}}$ 取不同值条件下，线性响应 $Q$ 随噪声强度 $\sigma$ 的变化曲线和（b）线性响应峰值 $Q_{\text{m}}$ 随耦合强度 $\varepsilon_{\text{intra}}$ 的变化曲线

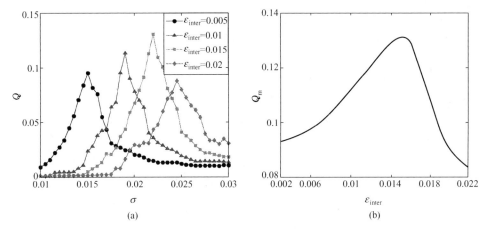

图 3.15　（a）耦合强度 $\varepsilon_{\text{inter}}$ 取不同值条件下，线性响应 $Q$ 随噪声强度 $\sigma$ 的变化曲线
和（b）线性响应峰值 $Q_{\text{m}}$ 随耦合强度 $\varepsilon_{\text{inter}}$ 的变化曲线

　　为了研究子网络之间的连通性对模块化神经元网络随机共振特性的影响，图 3.16（a）给出了各个子网络间神经元的随机连接概率 $P$ 取不同值的条件下，模块化神经元网络的线性响应 $Q$ 随随机噪声强度 $\sigma$ 的变化关系。对于任一固定的连接概率 $P$，模块化神经系统中均存在最优的噪声强度 $\sigma$ 使得 $Q$ 达到峰值。另外，存在最优的连接概率 $P$ 使得线性响应的峰值 $Q_{\text{m}}$ 达到最大，此时整个系统的随机共振性能达到最佳，如图 3.16（b）所示。可见增大重连概率 $p$ 与增大神经元之间的耦合强度对随机共振影响效果类似。

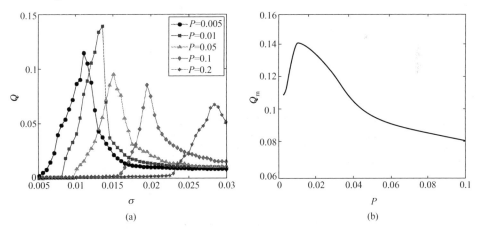

图 3.16　（a）连接概率 $P$ 取不同值条件下，线性响应 $Q$ 随噪声强度 $\sigma$ 的变化曲线
和（b）线性响应峰值 $Q_{\text{m}}$ 随连接概率 $P$ 的变化曲线

　　事实上，较小的耦合强度和连接概率会使模块化网络中各神经元之间的相互作用减弱，犹如一组独立神经元。在这种情况下，每个神经元因为缺少足够大的突触电流刺激，而无法产生动作电位，局部施加的弱刺激信号难以通过神经元的放电节律在整个神经元

网络中传递。而过大的耦合强度和连接概率会使得神经元之间的相互作用增强，如同一个整体，此时需要较强的噪声才能激发整个神经系统的兴奋性。但是，过强的噪声会破坏弱周期信号的作用，最终导致神经元产生不规则放电节律。这两种情况下系统的线性响应都很低，不会产生随机共振现象。由此可见，网络结构对神经系统中弱信号的传递有重要影响，只有合适的网络参数才能平衡信号传递的完整性和有效性。

小世界子网络结构对模块化神经系统随机共振现象有重要影响。在子网络内耦合强度 $\varepsilon_{\text{intra}}$ 取不同值的条件下，模块化神经元网络的线性响应 $Q$ 随重连概率 $p$ 的变化关系如图 3.17 所示。可见对于任一固定的耦合强度 $\varepsilon_{\text{intra}}$ ，存在最优的重连概率 $p$ ，使得模块化神经系统的线性响应 $Q$ 达到最大值，且该峰值随着子网络内耦合强度 $\varepsilon_{\text{intra}}$ 的增大而逐渐降低。结果表明，在模块化神经元网络中存在最优的局部子网络连接结构，使得整个系统的随机共振特性达到最佳，即对弱低频刺激信号的处理能力达到最强。

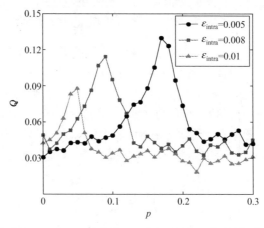

图 3.17　耦合强度 $\varepsilon_{\text{intra}}$ 取不同值条件下，线性响应 $Q$ 随重连概率 $p$ 的变化曲线

神经元网络的规模大小同样会影响系统的动力学行为。图 3.18 刻画了系统的线性响应峰值 $Q_{\text{m}}$ 对模块化神经元网络中小世界子网络个数 $M$ 的依赖性。假设各个子网络中包含的神经元个数相同，均为 $N=100$ 。明显可见，模块化神经元网络中存在规模共振现象，即存在最优的子网络个数 $M$，使得整个模块化神经系统的线性响应 $Q_{\text{m}}$ 达到峰值。

图 3.19 给出了随机噪声强度取不同值的条件下，模块化神经元网络的线性响应 $Q$ 随低频刺激信号频率 $\omega$ 的变化关系。比较发现，当噪声强度 $\sigma=0.02$ 和 $0.03$ 时，在神经元的固有频率 $\omega_0$ 及其谐波 $\omega=k\omega_0(k=2,3)$ 处，模块化神经元网络的放电输出对低频信号的线性响应 $Q$ 得到显著增强。分析表明，合适强度的噪声能够明显促进神经元对弱低频信号的传递和检测；而强度过高的噪声（ $\sigma=0.1$ ）会使得神经元对弱低频刺激信号的线性响应变弱，此时弱低频刺激信号被随机噪声所湮没，几乎看不出其携带的任何信息。

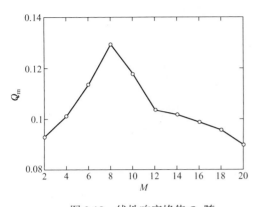

图 3.18　线性响应峰值 $Q_m$ 随
子网络个数 $M$ 的变化曲线

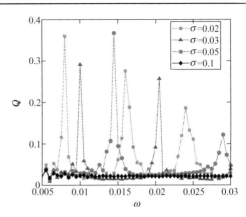

图 3.19　线性响应 $Q$ 随输
入信号频率 $\omega$ 的变化曲线

## 3.5　神经元网络中的振动共振

### 3.5.1　小世界神经元网络中的振动共振

采用 Strogatz 和 Watts 提出的随机重连方法构造一个小世界神经元网络,网络中的每个节点用二维映射模型来描述,在高、低频信号的同时作用下各个神经元的动力学方程为

$$x_{i,n+1} = a_i / (1 + x_{i,n}^2) + y_{i,n} + A_i \cos(\omega n) + B \cos(\Omega n + \varphi_i) + I_{i,n}^{\text{syn}}(x_{i,n}) \tag{3.35}$$
$$y_{i,n+1} = y_{i,n} - \sigma_i x_{i,n} - \beta_i$$

式中,$i = 1, 2, \cdots, N$ 表示神经元的编号;$x$ 和 $y$ 分别是模型的快动力学变量和慢动力学变量;$\alpha$、$\beta$、$\gamma$ 为模型参数;$A_i \cos(\omega n)$ 和 $B \cos(\Omega n + \varphi_i)$ 分别为高、低频驱动信号。设定 $\omega = 0.001$,$\Omega = 0.05$,如果对神经元 $i$ 施加低频信号刺激,则 $A_i = 0.01$,否则 $A_i = 0$。$\varphi_i \in [0, 2\pi]$ 是神经元 $i$ 的相移。$I_{i,n}^{\text{syn}}$ 是神经元 $i$ 的突触电流,且

$$I_{i,n}^{\text{syn}}(x_{i,n}) = \varepsilon \sum_j C(i,j)(x_{j,n} - x_{i,n}) \tag{3.36}$$

式中,$\varepsilon = 0.01$ 是耦合强度,保证所有神经元能够同步放电。$C = C(i,j)$ 是一个 $N \times N$ 的连接矩阵,如果神经元 $i$ 和神经元 $j$ 之间有突触相连,则 $C(i,j) = C(j,i) = 1$,否则 $C(i,j) = C(j,i) = 0$,且 $C(i,i) = 0$。

对于一个大规模生物神经元网络,所有神经元都接收外界刺激信号是不现实的,实际上只有部分神经元能够感受外界环境刺激。因此,本书的研究只是将相同的低频信号 $A_i \cos(\omega n)$ 施加于小世界网络中的部分神经元(概率为 $f$),而将高频信号 $B \cos(\Omega n + \varphi_i)$ 施加在所有神经元上,所以整个神经系统的同步动力学行为可以用其平均场 $X(n)$ 来描述。

　　这里研究 $N=100$ 个神经元构成的小世界神经元网络，低频信号加载在网络中 $f=50\%$ 神经元上。图 3.20 给出了高频周期信号幅值 $B$ 取不同值的条件下，小世界神经元网络中各个神经元的放电时间分布，以及整个神经元网络的平均场序列 $X(n)$。可见只有当高频信号幅值 $B$ 适中时，所有神经元的簇放电才能与低频信号同步，达到锁相状态。幅值很小的高频信号不足以触发神经元产生动作电位，系统保持次阈值振荡状态；而过强的高频信号致使神经元的连续放电节律与低频信号频率无明显相关。图 3.21 给出了系统的线性响应 $Q$ 随 $B$ 的变化曲线，这里的 $Q$ 取所有神经元 $Q_i$ 的均值。明显可见，存在最优的高频信号幅值 $B_{VR}=0.002$，使得小世界神经元网络的线性响应 $Q$ 达到峰值，即系统产生振动共振现象。

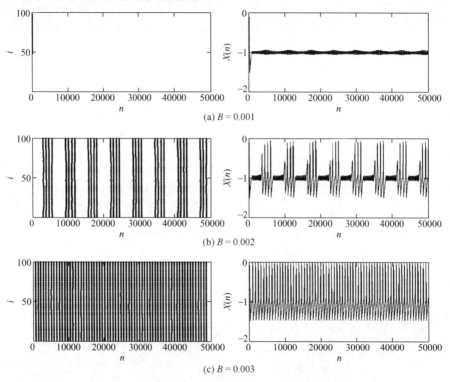

(a) $B=0.001$

(b) $B=0.002$

(c) $B=0.003$

图 3.20　不同高频信号幅值 $B$ 对应的神经元网络放电活动
左侧为所有神经元的放电时间分布，右侧为网络的平均场序列 $X(n)$

　　下面研究小世界网络结构对振动共振的影响。图 3.22 给出了神经元之间耦合强度 $\varepsilon$ 不同时，线性响应 $Q$ 随高频周期信号幅值 $B$ 的变化曲线。耦合强度 $\varepsilon$ 越大，高频信号的共振幅值 $B_{VR}$ 越大。结果表明，强耦合将降低神经系统检测和传递弱信号的能力。

　　除了神经元之间的耦合强度，网络拓扑结构同样能够影响神经元的放电特性。图 3.23（a）给出了初始网络中神经元最邻近节点个数 $K$ 对系统振动共振的影响。随着 $K$ 的增大，高频信号的共振幅值 $B_{VR}$ 增大，且系统线性响应峰值 $Q_m$ 上升。这表明突触数目越多，小世界网络发生振动共振所需要的高频刺激信号越强，共振效果越明显，这与增大神经元之间的耦合强度效果类似。图 3.23（b）给出了网络规模 $N$ 取不同值条件下，线性响应 $Q$ 随高频信号强度 $B$ 的变化曲线。增大网络中神经元个数 $N$，最优的高频信号强度 $B_{VR}$ 降低，且线性响应峰值 $Q_m$ 降低。这表明网络规模越大，振动共振现象越难以发生。

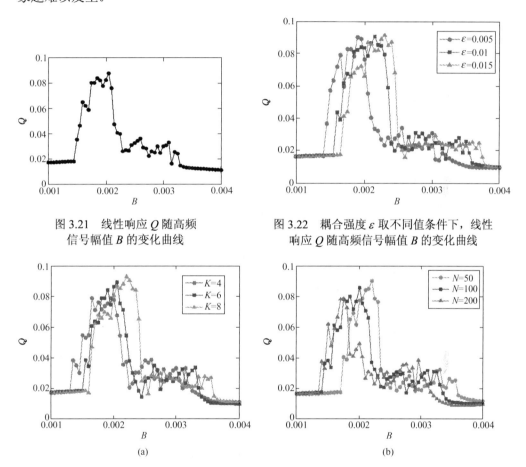

图 3.21　线性响应 $Q$ 随高频信号幅值 $B$ 的变化曲线

图 3.22　耦合强度 $\varepsilon$ 取不同值条件下，线性响应 $Q$ 随高频信号幅值 $B$ 的变化曲线

(a)

(b)

图 3.23　邻近节点数 $K$ 和网络规模 $N$ 取不同值条件下，线性响应 $Q$ 随高频信号幅值 $B$ 的变化曲线

　　接下来考虑网络拓扑结构对小世界神经元网络振动共振的影响。图 3.24（a）给出了重连概率 $p$ 取不同值的条件下，系统的线性响应 $Q$ 随高频信号幅值 $B$ 的变化曲线。增大重连概率 $p$ 可以增加网络中远距离突触的数目，但是这并不能改变系统发生振动共振所需的高频信号强度 $B_{VR}$，只是增加了线性响应峰值 $Q_m$。另外，$Q_m$ 的增长趋势受到重连概率 $p$ 的限制，如图 3.24（b）所示，图中给出了不同刺激概率 $f$ 条件下 $Q$ 随 $p$ 的变化曲线。增加网络中驱动神经元的概率 $f$，系统的振动共振效果明显增强。当 $f$ 值较大时，$Q$ 值随着重连概率 $p$ 的增大而增大，这表明网络拓扑结构越接近于随机网

络，其传递弱信息的能力越强；而当 $f$ 值较小时，$Q$ 上升趋势变得不明显，此时重连概率 $p$ 的变化对于神经元检测和传导弱信息的能力影响不大。

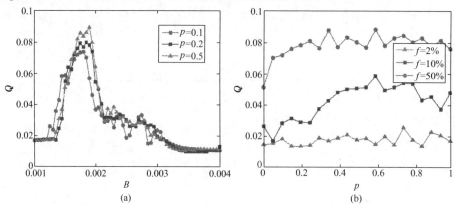

图 3.24　（a）重连概率 $p$ 取不同值条件下，线性响应 $Q$ 随高频信号幅值 $B$ 的变化曲线和（b）刺激概率 $f$ 取不同值条件下，线性响应 $Q$ 随重连概率 $p$ 的变化曲线

最后研究高、低频信号在小世界神经元网络振动共振中的重要作用。图 3.25 给出了高、低频信号频率取不同值的条件下，线性响应 $Q$ 随高频信号幅值 $B$ 的变化曲线。随着 $\Omega$ 的逐渐增大，高频信号的共振幅值 $B_{VR}$ 增大，表明高频信号频率越大，系统发生振动共振需要的高频刺激越强。而随着 $\omega$ 的逐渐增大，最优的高频信号强度 $B_{VR}$ 明显减小，且线性响应的峰值 $Q_{m}$ 变大，表明低频信号频率 $\omega$ 越大，振动共振越容易发生，且效果越明显。

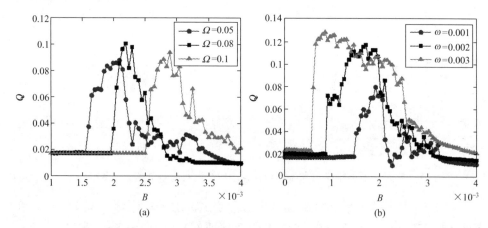

图 3.25　刺激信号频率 $\Omega$ 和 $\omega$ 取不同值条件下，线性响应 $Q$ 随高频信号幅值 $B$ 的变化曲线

## 3.5.2　模块化神经元网络中的振动共振

对于一个由 $M$ 个小世界子网络构成的模块化神经元网络，在高、低频信号同时作用下神经元的动力学方程为

$$x_{I,i}(n+1) = \frac{\alpha}{1+x_{I,i}^2(n)} + y_{I,i}(n) + A_{I,i}\cos(\omega n) + B\cos(\Omega n + \varphi_{I,i}) + I_{I,i}^{syn}(n) \qquad (3.37)$$

$$y_{I,i}(n+1) = y_{I,i}(n) - \beta x_{I,i}(n) - \gamma$$

式中，$(I,i)$ 表示第 $I(I=1,2,\cdots,M)$ 个子网络中的第 $i(i=1,2,3,\cdots,N)$ 个神经元；$x$ 和 $y$ 分别是映射模型的快动力学变量和慢动力学变量；$\alpha$、$\beta$、$\gamma$ 为模型参数；$A_{I,i}\cos(\omega n)$ 和 $B\cos(\Omega n + \varphi_{I,i})$ 分别是高、低频驱动信号。$\omega = 0.001$，$\Omega = 0.05$ 时，如果子网络 $I$ 中的第 $i$ 个神经元施加了低频刺激，则 $A_{I,i} = 0.01$，否则 $A_{I,i} = 0$。$\varphi_{I,i} \in [0,2\pi]$ 是神经元 $(I,i)$ 的相移。$I_{i,n}^{syn}$ 是神经元 $(I,i)$ 的突触电流，形式与式（3.36）相同。设定映射模型参数为 $\alpha = 1.95$，$\beta = \gamma = 0.001$，网络参数为子网络内、外耦合强度 $\varepsilon_{intra} = \varepsilon_{inter} = 0.005$，重连概率 $p = 0.2$，子网络间的连接概率 $P = 0.05$，子网络大小 $N = 100$，当 $A = B = 0$ 时所有神经元处于静息状态。

首先研究包含 $M = 2$ 个小世界子网络的模块化神经元网络中的振动共振现象。将低频刺激信号施加在网络中 $f = 50\%$ 的神经元中，而网络中所有神经元都接受高频信号刺激。这里以高频信号为调制信号，通过改变其幅值 $B$ 研究高频信号对模块化神经元网络放电特征的作用。图 3.26 描述了线性响应 $Q$ 随高频信号强度 $B$ 的变化曲线，可见存在最优的高频信号幅值 $B$，使得模块化神经元网络对弱低频信号的线性响应达到峰值，证明模块化神经元网络中存在振动共振现象。

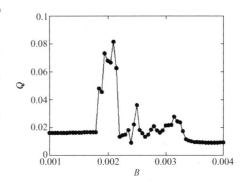

图 3.26　线性响应 $Q$ 随高频信号幅值 $B$ 的变化曲线

下面进一步说明网络结构和参数对系统振动共振的影响。由图 3.27（a）和图 3.27（b）可知，随着子网络内、外耦合强度 $\varepsilon_{intra}$ 和 $\varepsilon_{inter}$ 的增大，系统发生振动共振需要的高频信号强度 $B_{VR}$ 逐渐变大，且对应的线性响应峰值 $Q_m$ 升高。而增大子网络间的连接概率 $P$ 可以得到与增大神经元之间的耦合强度类似的振动共振效果，如图 3.27（c）所示。但是增大小世界子网络的随机重连概率 $p$ 只能增大系统的最优响应 $Q_m$，而对高频信号的共振强度 $B_{VR}$ 几乎没有影响，如图 3.27（d）所示，这与研究单个小世界神经元网络中振动共振所得结论类似。由此可见，局部小世界网络结构对模块化神经系统的振动共振有重要影响。

子网络个数 $M$ 同样会影响模块化神经元网络振动的共振特性。固定单个神经元网络的大小 $N = 100$。对于不同的 $M$ 值，计算线性响应 $Q$ 随 $B$ 的变化曲线。如图 3.28 所示，当子网络个数较少时，如 $M = 1$，2，4，$Q$ 对 $B$ 的响应呈现共振特性，即存在最优的高频信号幅值 $B$ 使得 $Q$ 达到峰值；而当 $M$ 较大时，如 $M = 6$，线性响应 $Q$ 只能取得较小值，系统没有振动共振现象出现，这表明局部施加的弱低频信号难以在大规模神经元网络中传递。

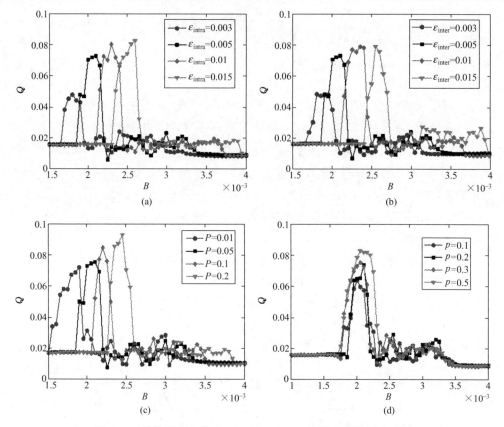

图 3.27　模块网络参数 $\varepsilon_{intra}$ 、 $\varepsilon_{inter}$ 、 $P$ 、 $p$ 取不同值的条件下，
线性响应 $Q$ 随高频信号幅值 $B$ 的变化曲线

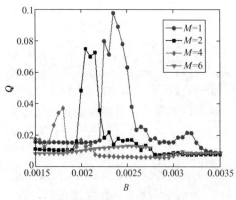

图 3.28　子网络 $M$ 取不同值条件下，
线性响应 $Q$ 随高频信号幅值 $B$ 的变化曲线

最后，与单模块小世界网络的随机共振相似，对于不同的高、低频信号，模块化神经元网络会产生不同的振动共振效果。图 3.29 给出了高、低频信号频率取不同值的条件下，系统的线性响应 $Q$ 随高频信号强度 $B$ 的变化曲线。随着高频信号频率 $\Omega$ 的增大，系统发生共振所需的高频信号强度 $B_{VR}$ 逐渐增大，表明高频信号频率越大，系统越难发生振动共振。而随着 $\omega$ 的逐渐增大，最优的高频信号强度 $B_{VR}$ 逐渐减小，且线性响应峰值 $Q_m$ 变大，表明低频信号频率 $\omega$ 越大，振动共振越容易发生，且效果越明显。该结果与前面研究的单个小世界神经元网络类似。由此可以得到，增大低

频信号频率能够促进信号在神经元网络中有效地传递，而增大高频刺激频率会降低神经系统对弱低频信号的有效检测和传递能力。

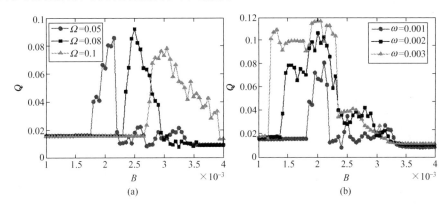

图 3.29　刺激信号频率 $\Omega$ 和 $\omega$ 取不同值条件下，线性响应 $Q$ 随高频信号幅值 $B$ 的变化曲线

## 3.6　讨论与小结

本章以小世界神经元网络为例系统地研究了神经元网络中的随机共振及振动共振现象。仿真结果表明，小世界神经元网络中存在共振现象，并且只有在合适的噪声强度下，神经元才会产生与弱低频信号同频率的放电响应，从而实现对弱周期信号的准确检测和传导。此外，神经元间的耦合强度、网络参数及弱信号的频率和幅值等都会对网络的共振行为产生影响。在单网络中，随着神经元之间耦合强度的增大，神经元网络的整体性变好，对于外部刺激信号的分散能力增强，系统需要借助更大强度的噪声刺激才能产生随机共振现象。在模块化小世界网络中，存在最优的子网络间神经元的连接概率 $P$ 使得线性响应的峰值 $Q_m$ 达到最大，此时整个系统的随机共振性能达到最佳。神经元网络的规模大小同样会影响系统的动力学行为。模块化神经元网络中存在规模随机共振现象，即存在最优的子网络个数 $M$，使得整个模块化神经系统的线性响应 $Q_m$ 达到峰值。另外，对于不同的高、低频信号，神经元网络会产生不同的共振效果。在模块化小世界网络振动共振中，增大低频信号频率能够促进信号在神经元网络中的有效传递，而增大高频刺激频率会降低神经系统对弱低频信号的有效检测和传递能力。

大脑的主要功能就是接收和处理神经信息，并作出响应。而噪声作为很多生物系统的重要组成部分，它的影响是不可避免的。本章从复杂的神经元网络出发，研究噪声诱导的共振现象，揭示了噪声对于可兴奋神经系统的信息传送和探测具有重要的促进作用，为理解神经系统中弱信息的传递规律提供了依据，也为之后的研究工作奠定了基础。

# 参 考 文 献

[ 1 ] Ullner E. Vibrational resonance and vibrational propagation in excitable systems. Physics Letters A, 2003, 312(5-6): 348-354.

[ 2 ] Shepherd G M. The Synaptic Organization of the Brain. Oxford: Oxford University Press, 1990.

[ 3 ] Landa P S, McClintock P V E. Vibrational resonance. J Phys A: Math Gen, 2000, 33: L433.

[ 4 ] Chizhevsky V N, Smeu E, Giacomelli G. Experimental evidence of "vibrational resonance" in an optical system. Physical Review Letters, 2003, 91: 220602.

[ 5 ] Chizhevsky V N, Giacomelli G. Experimental and theoretical study of the noise-induced gain degradation in vibrational resonance. Physical Review E, 2004, 70: 062101.

[ 6 ] Chizhevsky V N, Giacomelli G. Experimental and theoretical study of vibrational resonance in a bistable system with asymmetry. Physical Review E, 2006, 73: 022103.

[ 7 ] Baltanás J P, Lo'pez L, Blechman I I,et al. Experimental evidence, numerics and theory of vibrational resonance in bistable systems. Physical Review E, 2003, 67: 066119 .

[ 8 ] Blekhman I I, Landa P S. Conjugate resonances and bifurcations in nonlinear systems under biharmonical excitation. Int J of Non-Linear Mech, 2004, 39:421.

[ 9 ] Blekhman I I. Vibrational Mechanics: Nonlinear Dynamic Effects, General Approach, Applications. Singapore: World Scientific, 2000.

[10] Ghosh S, Ray D S. Nonlinear vibrational resonance. Physical Review E, 2013, 88: 042904.

[11] Yao C G, Zhan M. Signal transmission by vibrational resonance in one-way coupled bistable systems. Physical Review E, 2010, 81: 061129.

[12] Yao C G, Liu Y, Zhan M. Frequency-resonance-enhanced vibrational resonance in bistable systems. Physical Review E, 2011, 83: 061122.

[13] Jeyakumari S, Chinnathambi V, Rajasekar S, et al. Single and multiple vibrational resonance in a quintic oscillator with monostable potentials. Physical Review E, 2009, 80: 046608.

[14] Yang L J, Liu W H, Yi M, et al. Vibrational resonance induced by transition of phase-locking modes in excitable systems. Physical Review E, 2012, 86: 016209.

[15] Cubero D, Baltanás J P, Casado-Pascual J. High-frequency effects in the FitzHugh-Nagumo neuron model. Physical Review E, 2006, 73: 061102.

[16] DeVille R E, Vanden-Eijnden E. Two distinct mechanisms of coherence in randomly perturbed dynamical systems. Physical Review E, 2005, 72: 031105.

# 第4章 基于突触的神经元网络共振

## 4.1 引　言

在神经系统中，神经元之间有两种耦合方式，即化学突触和电突触，这两种突触一起构成了混合突触。电突触用于细胞缝隙连接，连接导致了下一个神经元迅速的生理反应，反应强度线性地取决于膜电位之差。而对于化学突触，反应则依靠神经递质来调节，使得突触后神经元在突触前神经元膜获得一个动作电位之后再动作，这一动作电位的强度遵循一个非线性方程。近来，人们发现电突触和化学突触在神经元间网络的共振中起到了不同而又互补的作用。突触可塑性（synaptic plasticity）是指在不同环境噪声刺激下突触的结构和功能发生适应性改变的过程。大量的细胞内和细胞外的电生理实验证实了突触可塑性的存在，它被认为是学习记忆活动的细胞水平的生物学基础。近年来，突触可塑性对神经元网络结构和动力学的影响已引起广泛关注。研究发现，大脑中的功能结构可以通过可塑性对突触进行重组，从而表现出小世界特性或无标度特性。在具有突触可塑性机制的自组织神经元网络的相干共振和随机共振现象中，发现突触可塑性可以有选择地改善突触连接，并且能够增强神经元之间的相互联系，提高信息在网络中的传递效率。

## 4.2　电突触和化学突触模型

突触是两个神经元之间或神经元与效应器细胞之间相互接触并借以传递信息的部位。中枢神经系统中的神经元以突触的形式互连，形成神经元网络，这对于感觉和思维的形成极为重要。突触前细胞借助化学信号，即递质，将信息转送到突触后细胞者，称为化学突触（见图 4.1(a)），借助电信号传递信息者，称为电突触（见图 4.1(b)）。

突触前神经元（神经末端）与突触后神经元之间存在着电紧张偶联，突触前产生的活动电流一部分向突触后流入，使兴奋性发生变化，这种类型的突触称为电突触。突触前膜与突触后膜以间隙连接相连，两胞膜之间以原生质相通，神经冲动直接通过。电突触是双向传递的，即不分突触前或突触后，对任何一方传来的信号都能传递。电突触只起电阻的作用，而且电阻率低。

对于电突触，其突触电流为

$$I_i^{syn} = \sum_{j \in \text{neigh}(i)} g_{syn}(V_i - V_j) \tag{4.1}$$

式中，$g_{syn}$ 是突触耦合的电导；$V_i$ 和 $V_j$ 分别表示通过电突触耦合的神经元膜电位。

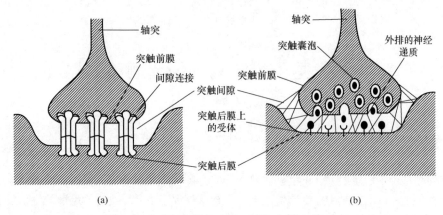

(a)　　　　　　　　　　　　　　　　　　　　(b)

图 4.1　电突触和化学突触（图片来源于网络）

采用化学突触耦合的神经元之间神经冲动的传导是单方向传导，即神经冲动只能由一个神经元的轴突传导给另一个神经元的细胞体或树突，而不能向相反的方向传导，这是因为递质只在突触前神经元的轴突末梢释放。当神经冲动通过轴突传导到突触小体时，突触前膜对钙离子的通透性增加，突触间隙中的钙离子即进入突触小体内，促使突触小泡与突触前膜紧密融合，并出现破裂口，小泡内的递质释放到突触间隙中，并且经过弥散到达突触后膜，立即与突触后膜上的蛋白质受体结合，并且改变突触后膜对离子的通透性，引起突触后膜发生兴奋性或抑制性的变化。这里，递质起携带信息的作用。

由于化学突触是单向传递的，中枢神经系统内冲动的传递就有一定的方向，即由传入神经元传向中间神经元，再传向传出神经元，从而使整个神经系统的活动能够有规律地进行。

对于化学突触，其突触电流为

$$I_i^{\mathrm{syn}} = \sum_{j \in \mathrm{neigh}(i)} g_{\mathrm{syn}} s_j (V_i - V_{\mathrm{syn}}) \tag{4.2}$$

式中，$g_{\mathrm{syn}}$ 为突触耦合强度；$V_{\mathrm{syn}}$ 是突触反转电压，决定突触的耦合类型。对于兴奋型突触耦合，取 $V_{\mathrm{syn}} = 0$；突触变量 $s_j$ 由 $V_j$ 决定，$s_j$ 的导函数表示为

$$\dot{s}_j = \alpha(V_j)(1 - s_j) / \varepsilon - s_j / \tau_{\mathrm{syn}}$$

$$\alpha(V_j) = \frac{\alpha_0}{1 + \exp(-V_j / V_{\mathrm{shp}})} \tag{4.3}$$

式中，突触衰减率 $\tau_{\mathrm{syn}}$ 为 $1/\delta$；突触恢复函数 $\alpha(V_j)$ 可以选取 Heaviside 函数。当神经元处于静息状态的时候（$V < 0$），$s$ 缓慢减小，式（4.3）的第一个等式可以近似为 $\dot{s}_j = -s_j / \tau_{\mathrm{syn}}$；如果神经元处于放电状态，$s$ 很快变为 1，对突触后神经元产生作用。在化学突触耦合中，只有神经元放电了，才会对突触后神经元产生影响，这与电突触耦合的神经元不一样。

## 4.3　突触对神经元网络振动共振的影响

### 4.3.1　化学突触对神经元振动共振的增强作用

考虑如下三个双向耦合的 FHN 神经元，同时受到相同的高频扰动和噪声的影响，有

$$\varepsilon \frac{\mathrm{d}x_i}{\mathrm{d}t} = x_i - \frac{x_i^3}{3} - y_i - I_i^{\mathrm{syn}} \tag{4.4}$$

$$\frac{\mathrm{d}y_i}{\mathrm{d}t} = x_i + a + A_i \cos \omega t + B_i \cos \Omega t + C\xi(t) \tag{4.5}$$

式中，$i = 1,2,3$ 表示三个不同的神经元；$\varepsilon = 0.01$；$A_i \cos \omega t$ 与 $B_i \cos \Omega t$ 分别为低频与高频信号。作者尝试了不同相位差的高频扰动，取得的结果都类似，因此为了简便计算，让神经元受到相同的高频信号刺激；$\xi$ 是高斯白噪声；$I_i^{\mathrm{syn}}$ 表示每个神经元受到的突触电流刺激。

式（4.1）～式（4.5）中用到的其他参数为 $V_{\mathrm{syn}} = 0$，$\alpha_0 = 2$，$V_{\mathrm{shp}} = 0.05$，$\delta = 1.2$。取 $g_{\mathrm{syn}} = 0.1$ 保证不论电突触还是化学突触耦合的情况下，神经元受到阈上刺激的时候，都能很快同步；其他参数根据不同的情况给出。

首先考虑没有噪声的情况，即 $C = 0$。为了研究高频刺激下，耦合神经元之间的信息传递，研究了耦合神经元在局部刺激下的振动共振现象，即只有一个神经元受到低频刺激，计算其耦合神经元放电序列 $V_2$ 的 $Q$ 值。由于耦合具有对称性，采用 $V_3$ 计算取得的结果相同。输入周期信号的参数为 $A_1 = 0.01$，$A_2 = 0$，$A_3 = 0$，$\omega = 0.1$，$\Omega = 5$，这样保证在没有高频扰动的情况下，神经元不会放电。$\omega$ 的值远远小于两个神经元的放电频率。

化学突触只有当突触前神经元放电的时候，才会对突触后神经元产生影响，但是电突触耦合的神经元随时都会相互影响，因此，阈下振动不会通过化学突触传递。化学突触使得耦合的神经元在阈下振荡的时候是相互独立的，这样在受到外部刺激的时候，才更可能放电。而一旦神经元放电，则引起耦合神经元的同步放电。而在电耦合的情况下，阈下振动的强烈同步减小了阈下振动的幅度，从而使放电更加困难，如图 4.2（c）所示。尽管相同的高频信号可以在阈下振荡的时候驱动耦合的神经元同步，但是由于高频信号的频率比神经元阈下振荡的频率高得多，所以高频信号并不会减小神经元阈下振荡的幅值，这样神经元更可能放电。当参数 $a$ 稍微高于分岔值的时候，阈下振荡通过电突触耦合互相抑制，因此很难对外部输入信号产生响应，如图 4.2（a）和图 4.2（b）所示。从图 4.2 中可以看到，对于局部刺激 $A_1 = 0.01$，$A_2 = 0$，$A_3 = 0$，化学突触比电突触在信息传递上更有效率。

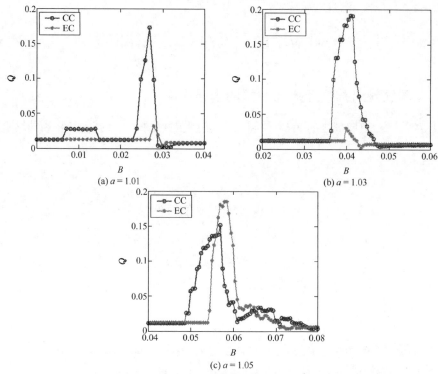

图 4.2　不同突触耦合下，神经元响应的 $Q$ 值与高频信号幅值 $B$ 的关系

局部刺激的信号幅值为 $A_1 = 0.01$，$A_2 = 0$，$A_3 = 0$

另外两种刺激的情况，如局部刺激 $A_1 = 0.01$，$A_2 = 0$，$A_3 = 0.01$ 以及全局刺激 $A_1 = 0.01$，$A_2 = 0.01$，$A_3 = 0.01$ 如图 4.3 和图 4.4 所示。可以看到，对于局部刺激，化学突触对信息的传递比电突触更有效率（见图 4.3），但是在全局刺激的情况下，电突触更有效率（见图 4.4）。在全局刺激的情况下，连续连接的电突触使得神经元很快同步，并且其协同性比只是离散耦合的化学突触强。

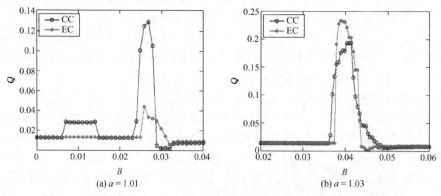

图 4.3　不同突触耦合下，神经元响应的 $Q$ 值与高频信号幅值 $B$ 的关系

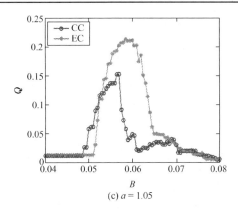

图 4.3 不同突触耦合下，神经元响应的 $Q$ 值与高频信号幅值 $B$ 的关系（续）
局部刺激的信号幅值为 $A_1 = 0.01$，$A_2 = 0$，$A_3 = 0.01$

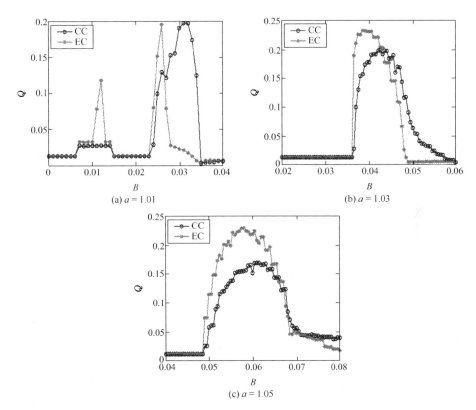

图 4.4 不同突触耦合下，神经元响应的 $Q$ 值与高频信号幅值 $B$ 的关系
局部刺激的信号幅值为 $A_1 = 0.01$，$A_2 = 0.01$，$A_3 = 0.01$

但是在实际的神经系统中，并不存在一个全局刺激输入。实际上，局部输入反倒是普遍存在的。在实际的神经系统中存在大量的神经元，不可能每个神经元都受到相

同的刺激。只有微弱的局部刺激才可能存在，并且保证在神经系统中所消耗的能量最小。这些可能能解释为什么在哺乳动物等高等动物中，化学突触耦合比电突触耦合要多得多的现象。

以上研究并没有考虑噪声对振动共振的影响，为了研究振动共振与随机共振在耦合神经元中的相互影响，需要改变噪声强度 $C$，刺激仍然采用局部刺激 $A_1 = 0.01$，$A_2 = 0$，$A_3 = 0$。对噪声系统的积分选取直接 Euler-Maruyama 算法，积分步长为 0.005。从图 4.5 可以看到，当耦合的神经元受到噪声影响的时候，其出现共振的最优高频信号幅值是减小的。因此，增加噪声强度时，在较小幅值的高频信号驱动下，耦合的神经元也能达到振动共振。这个现象跟信息传递的效率相关，因为实际的噪声扰动能够代替高频驱动，减小信息传递所需要的能量。但是如果噪声强度太大，振动共振消失了，信息的传递也就不存在。图 4.5 表示化学突触与电突触耦合的两种情况。

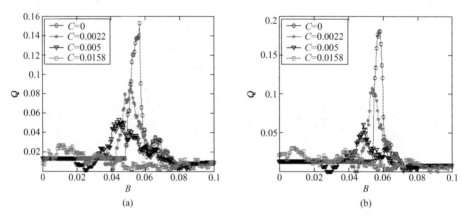

图 4.5　通过（a）化学突触与（b）电突触耦合的神经元的振动共振情况（参数 $a$ 取 1.05）

## 4.3.2　带有混合突触的神经元网络振动共振

### 1. 小世界神经元网络

本节主要研究由可兴奋性神经元经混合的化学突触或电突触耦合形成的小世界神经元网络的振动共振。这里采用具有小世界特性的网络拓扑结构，这种拓扑结构已经在实际生物生理实验中被证实是一种神经元间存在的连接方式。对于神经系统来说，神经元的动态行为由神经元自身的特性、突触耦合状态和网络拓扑结构共同作用形成，其中的每一个因素都可能对动态特性产生影响。因此，确定每个因素的作用是非常有必要的。研究所构建网络各个因素对振动共振特性的影响，有利于对生物神经元网络中阈下信号的传输机制有更进一步的理解。

具有低频和高频信号且有噪声存在的 FHN 神经元集群模型可以描述为

$$\varepsilon\frac{\mathrm{d}x}{\mathrm{d}t} = x_i - \frac{x_i^3}{3} - y_i - I_i^{\mathrm{syn}}$$

$$\frac{\mathrm{d}y_i}{\mathrm{d}t} = x_i + a + A_i\cos(\omega t) + B\cos(\Omega t + \varphi_i)$$

$$(4.6)$$

式中，$i = 1,2,\cdots,N$ 表示神经元编号；$A_i\cos(\omega t)$ 和 $B\cos(\Omega t + \varphi_i)$ 分别是低频和高频信号。如果低频信号被施加在第 $i$ 个神经元上，那么 $A_i = 0.01$，否则 $A_i = 0$；$\omega = 0.1$，$\Omega = 5$，与单 FHN 神经元所用参数相同；$\varphi_i$ 是每个神经元的相移，为不失一般性，使 $\varphi_i$ 均匀分布在区间 $[0,2\pi]$ 内。用 $\xi_i(t)$ 表示均值为零的高斯白噪声，$D$ 为其强度。$I_i^{\mathrm{syn}}$ 是通过第 $i$ 个神经元的突触电流。与突触耦合相关的参数值为 $x_{\mathrm{syn}} = 0$，$\alpha_0 = 2$，$x_{\mathrm{shp}} = 0.05$，$\tau_{\mathrm{syn}} = 0.83$，$g_{\mathrm{syn}} = 0.1$，可以保证网络中的所有神经元同步。

由于在具有大量神经元的神经系统中，没有必要也不可能对每一个神经元施加外部信号刺激。只有微弱的局部输入是合理的，并且能保证信号传输过程中的低能耗要求，这个要求在实际系统中是非常重要的。所以在本节的所有研究中，相同的低频信号只被施加在了一部分神经元上，而高频信号则被施加在了每一个神经元上。整个神经元网络的动态响应可以通过计算平均场 $X(t) = (1/N)\sum X_i(t)$ 得到，也就是每个膜电压 $X_i$ 的平均值。

下面研究由 100 个 FHN 神经元构成的小世界神经元网络，它是由一个规则的环形网络（$K = 6$）经过重连（$p = 0.2$）后得到的。设定 $q$ 为网络中施加低频信号的神经元占总神经元个数的百分比，$q = 50\%$，也就是说有一半神经元被随机地选择施加相同的低频信号，通过数值方法研究这个神经系统的振动共振现象。傅里叶系数 $Q$ 是所有神经元 $Q(i)$ 的平均值，即 $Q = (N)^{-1}\sum_{i=1}^{N} Q(i)$。为了保证混合小世界网络构建和数据仿真达到一定的统计精度，本节中的研究结果都是平均了 20 次的独立实验所得到的。

首先考虑无噪声的情况，也就是 $D = 0$，并设定神经元网络中化学突触和电突触各占一半（$f = 0.5$）。与前面对单 FHN 神经元的研究类似，固定低频信号的幅值，然后增加高频信号的幅值。图 4.6 所示为不同幅值 $B$ 高频激励下小世界网络的平均场 $X(t)$。可以看到在一个适中的幅值 $B$ 时，神经元网络的时间动态节律对输入信号的跟随达到最优（见图 4.6（c））。较小的 $B$ 值不能引起任何尖峰放电（见图 4.6（a）），而过大的则导致神经元网络与低频信号不一致的自发放电（见图 4.6（d））。图 4.7 为混合突触耦合的小世界神经元网络的振动共振，与单 FHN 神经元类似，网络的响应对高频信号的幅值具有共振特性，在最优值 $B = 0.057$ 时响应达到最大。

下面将系统地分析影响混合突触耦合小世界神经元网络的振动共振的因素，首先研究的是化学突触在网络中所占比例对振动共振的影响。对于不同的 $f$ 值，计算其高频激励幅值变化时的傅里叶系数。图 4.8（a）的仿真结果显示了不同 $f$ 值下傅里叶系数 $Q$ 随高频激励幅值 $B$ 的变化情况，可以看到，对于每一个 $f$ 值都存在一个最优的高

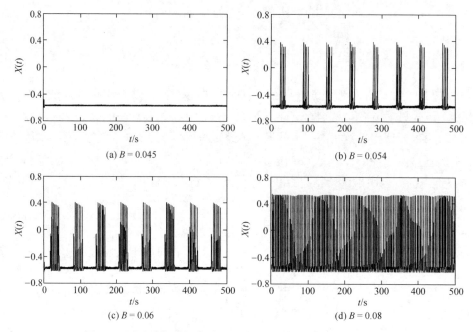

图 4.6 不同强度高频激励下混合小世界神经元网络的平均场

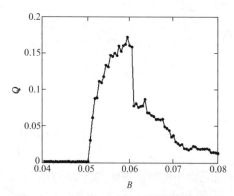

图 4.7 $f = 0.5$ 时，随着高频激励强度的增加混合小世界神经元网络的振动共振特性

频幅值 $B$ 使得傅里叶系数 $Q$ 最大。而且，共振幅值 $B_{VR}$ 随着化学突触所占比例 $f$ 的增加而单向减小，如图 4.8（b）所示。所得结果说明小世界网络中化学突触越多，振动共振越容易发生，即化学突触耦合比电突触耦合在信号传输中更有效，这个发现也与在三个耦合神经元的研究结果一致。可能的解释是化学耦合只有当突触前神经元放电时才会起作用，而电突触耦合则一直进行着实时连接。化学突触耦合可以使微小振荡的神经元之间互不影响，从而增加了它们放电的可能性。尽管相同的高频输入可以作为所有振荡神经元的同步激励且在化学突触耦合时对阈下动态起最主要的影响作用，但是它并没有减小 Canard 振荡的幅值。因此，神经元有更多的放电机会。然而，对电突触耦合来说，阈下振荡神经元间的较强同步在降低了振荡幅值的同时增大了放电阈值。当参数 $a$ 稍微大于分岔点值时，阈下振荡将通过电突触耦合而被抑制，使得通过电突触耦合的神经元较难对弱输入信号产生响应。因此，化学耦合的神经元对内部动态更敏感，相对电突触耦合网络需要更小的高频幅值就能完成信号的传输，这可能是化学突触在生物中存在比电突触更广泛的事实的一个解释。

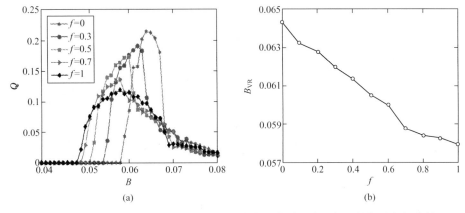

(a) 　　　　　　　　　　　　(b)

图 4.8　不同化学比例下混合神经元网络随高频激励强度增加时的振动共振特性

除了化学突触在神经元网络中所占比例之外，神经元之间的耦合强度是影响小世界神经元网络时空放电特性的另一个重要因素。为了了解此参数的作用，在图 4.9 中研究了耦合强度对小世界神经元网络振动共振的影响。结果表明，高频激励的最优幅值 $B_{VR}$ 会随着耦合强度 $g_{syn}$ 的增加而增加，这意味着越强的耦合强度将需要更多的能量来使小世界神经元网络发生共振，而振动共振的效果反而逐渐减弱，即网络相应具有更小的 $Q$ 的最大值。因此，过强的耦合可能降低神经系统中信号传输的能力，这种结果是两种突触相互作用所造成的。对于化学突触来说，过强的耦合引入了膜电压的随机幅值使波形失真，进而使得 $Q$ 值减小。对于电突触而言，强耦合意味着神经元之间的强同步，将抑制阈下振荡使系统需要更大的高频幅值激励而放电。

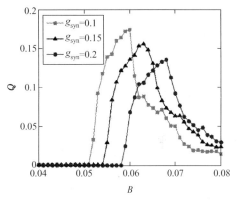

图 4.9　$f=0.5$ 时，不同耦合强度下混合小世界神经元网络随高频激励强度增加的振动共振特性（混合小世界神经元网络中耦合强度越大，发生振动共振所需的能量越多）

下面对高频激励下由 FHN 神经元构成的小世界网络规模的影响进行讨论，有三种典型情况，即完全电突触耦合（$f=0$）、完全化学突触耦合（$f=1$）和混合突触耦合（$f=0.5$），仿真结果如图 4.10 所示。很明显，随着网络规模的增大，最大的 $Q$ 值逐渐减小，高频激励可施加范围逐渐变窄。这意味着网络规模越大，振动共振效果越差，但是网络规模的扩大对最优高频激励幅值的影响很小。

为了对重连概率 $p$ 在混合耦合的小世界神经元网络的振动共振中的影响有进一步的理解，下面绘制了 $Q$ 值随重连概率 $p$ 的变化曲线，如图 4.11 所示。可以明显地看出，在高频激励幅值固定的情况下，$Q$ 值对重连概率 $p$ 有类似共振的特性，也就是说，对局部低频输入信号的传输存在一个最优的小世界拓扑结构。值得注意的是，在电突触耦合的小世界网络中得到了同样的结果，尽管后者所研究的是随机共振，在小世界神经元网络中的一致共振存在一个最优的重连概率 $p$。

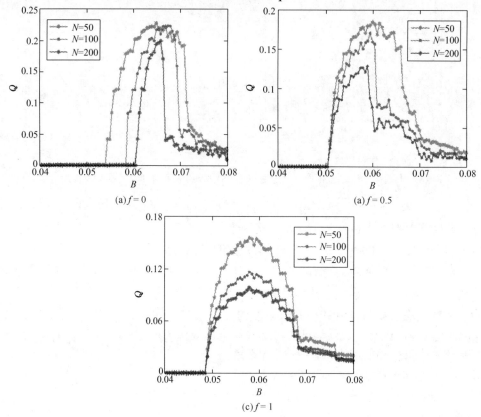

图 4.10　不同网络规模下混合小世界神经元网络随高频激励强度增加的振动共振特性
（随着神经元网络规模的增大，其共振效果变弱，与网络中化学突触概率大小无关）

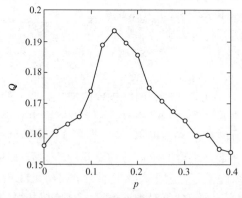

图 4.11　混合神经元网络随重连概率增加时的振动共振特性
（存在一个最优的重连概率使得神经元网络中弱低频信号的传输最优）

最后研究外加噪声对混合突触耦合的小世界神经元网络振动共振的影响。为了研究振动共振和随机共振的相互作用，逐步增加外加噪声强度 $D$。图 4.12 所示为对神经元网络外加噪声后，系统响应曲线在图中整体向左移动同时幅值减小。由此可以看出，随着噪声的增强，最优响应可以在更小的高频激励幅值时获得，这应该是由于外加噪声可以替代一部分高频激励进而有利于减少信号传输时所需的能量。但是如果噪声过强，则振动共振现象会消失，信号将被噪声湮没而不会被传输。

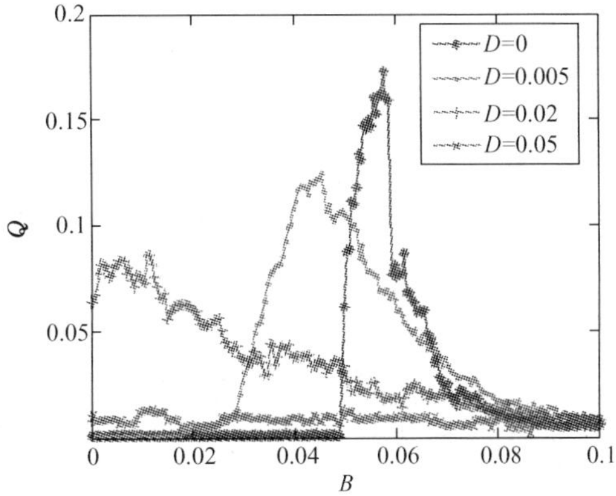

图 4.12　不同强度附加噪声情况下，混合小世界神经元网络随高频激励强度增加时的振动共振特性（神经元网络中加入噪声导致响应曲线整体左移且幅值降低）

### 2. 规则神经元网络

下面研究 FHN 神经元构成的规则网络的振动共振。在非线性动力学的研究中，通常更倾向于研究简单且由相同个体连接而成的规则性静态网络，这样的拓扑结构可以让人们专注于构成网络节点的对象的非线性动力学特性，而不用过多地考虑网络结构所造成的复杂性。

接下来将对规则网络中随机选择的 50%的神经元施加相同的低频信号输入，研究规则神经元网络的振动共振现象。为了便于对比，构建了三种不同耦合方式的神经元网络：只有化学突触耦合（chemical coupling，CC）的规则网络、只有电突触耦合（electrical coupling，EC）的规则网络及化学突触和电突触各占 50%（50%CC，50%EC）的网络。与单个 FHN 神经元类似，三种耦合方式的规则神经元网络也都具有钟形的共振曲线。共振响应曲线如图 4.13 所示，这里共对三个不同规模的规则网络进行了仿真分析：$N = 50, 100, 200$。结果表明，单一电突触耦合的网络高频激励的最优幅值比单一化学突触耦合的规则网络更大，响应曲线右移，意味着化学耦合比电耦合在信号检测上更有效率，而最大傅里叶系数在电耦合的规则网络中比化学耦合的网络更大，这说明信号在电耦合网络中的传输效果更好。电突触耦合和化学突触耦合同时存在的混合规则网络则综合了两种突触连接的优点。三种网络规模的仿真结果类似，说明网络规模对其影响不大。

对两种突触耦合网络所表现出来的差异性可以进行以下解释：化学突触只有在突触前神经元放电时才能作用于突触后神经元，而电突触耦合情况下两个神经元则是实时连接的。电突触耦合使得神经元之间的相互作用会抑制相邻神经元同时放电，而化学突触由于其本身所固有的传输延迟及电学绝缘特性而降低这种相互关联，反而使这种共同作用效果更有可能发生。两种突触同时存在的神经元网络在神经信号交互中具有优势。

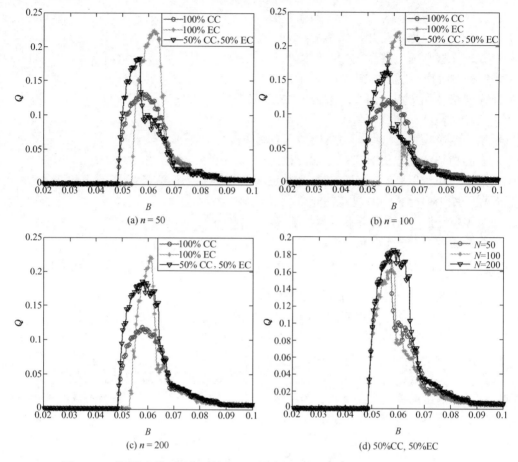

图 4.13　　不同耦合类型下规则神经元网络中振动共振效果图（$K=6$，$f=50\%$）

　　既然化学突触和电突触同时存在的神经元网络在信号检测和传输上具有很好的性能，就有必要对两种突触在网络中所占比例的影响进行仿真分析。为了研究方便，将百分比步长设定为 10%，每个点都是 10 次仿真的平均值，其结果如图 4.14 所示。可以看到，无论化学突触在神经元网络中所占比例多大，它的存在都将有利于提升弱信号的检测能力，而网络中电突触比例的增加将有利于信号的传播效果。

　　3. 随机网络的振动共振

　　下面研究随机连接的神经元集群的振动共振现象，具有不规则结构特性的随机网络以一种理想方式在某种程度上反映了实际系统的特性。随机网络具有较短的平均路径长度，即每个节点都可以经过很少数目的连接到达任意节点。随机网络的构建步骤可以简单地描述如下：在平面上给出 $n$ 个节点，通过给定的概率 $P$ 将每个节点对互相连接即可，可以看出这种拓扑结构主要是由概率 $P$ 决定的。

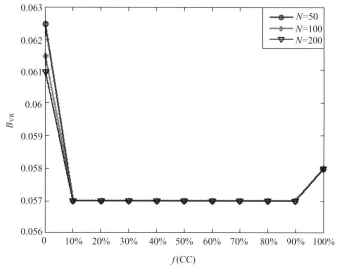

(a) 不同化学突触比例下的最优高频激励幅值

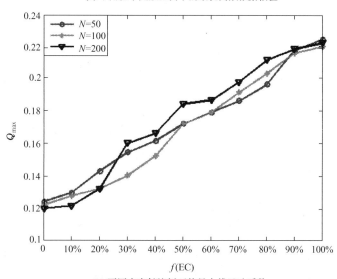

(b) 不同电突触比例下的最大傅里叶系数

图 4.14　不同化学突触和电突触比例对随机神经元网络的影响（10 次仿真的平均结果）

　　类似地，随机网络中低频信号也被施加在 50%随机选择的神经元上，而高频激励则施加在所有的神经元上。将高频激励信号的幅值作为控制变量，网络中两个参数（连接概率 $P$ 和网络规模 $N$）可能影响振动共振效果。这里首先研究了连接概率 $P$ 对振动共振的影响。在图 4.15 中，三个不同连接概率 $P$ 条件下的振动共振效果被计算出来。可以看出，存在最优的高频激励幅值 $B$ 使每个连接概率 $P$ 有最大 $Q$ 值。单一化学突触连接网络的最优高频激励幅值比单一电突触连接网络更小，具有更好的信号检测能力；而且单一电突触连接网络可以得到更大的最大傅里叶系数，表现出更好的信号传输能力；更接近于实际的混合网络在综合了两种突触在信号检测和传输上的优点，与规则网络的仿真结果相同，且以上结果均基本不受连接概率变化的影响。

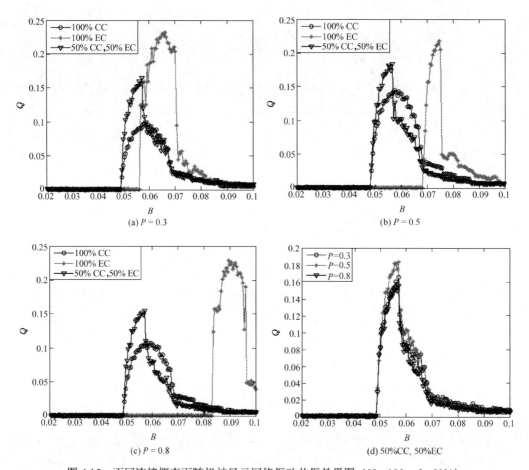

图 4.15　不同连接概率下随机神经元网络振动共振效果图（$N = 100$，$f = 50\%$）

　　电突触耦合的神经元网络振动共振效果随着网络规模 $N$ 的增加而变差，因而更大的高频激励幅值却只能得到更低的最大傅里叶系数。而下面的研究结果显示，化学突触和电突触混合构成的网络所综合的信号检测和传输能力并不会随着网络规模的变化而变化，如图 4.16 所示。

　　两种突触所占比例对随机网络共振效果的影响也在此进行了研究，所得到的结果与规则网络类似：化学突触的存在将提高弱信号的检测能力，电突触比例的增加将使混合神经元网络中的信号传输更好，仿真结果如图 4.17 所示。

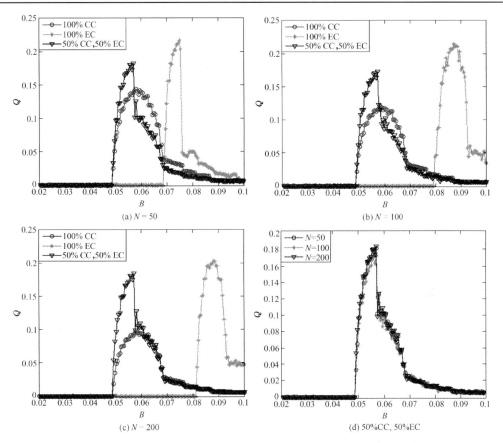

图 4.16　网络规模对随机神经元网络振动共振的影响（$P = 0.5$，$f = 50\%$）

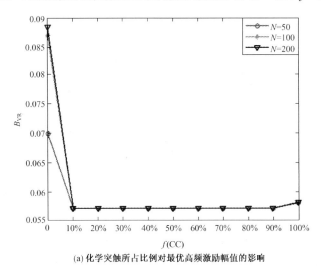

(a) 化学突触所占比例对最优高频激励幅值的影响

图 4.17　化学突触和电突触比例对随机神经元网络振动共振的影响

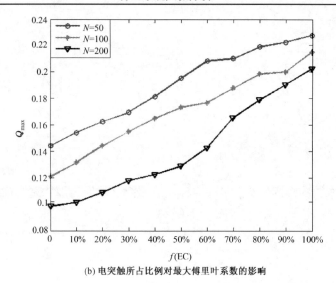

(b) 电突触所占比例对最大傅里叶系数的影响

图 4.17　化学突触和电突触比例对随机神经元网络振动共振的影响（续）
（10 次仿真的平均结果）

## 4.4　带有混合突触的小世界神经元网络随机共振

采用 Strogatz 和 Watts 提出的随机重连方法构造一个包含 $N = 200$ 个神经元的小世界神经元网络，重连概率 $p = 0.1$。网络中的每个神经元节点采用 Rulkov 提出的二维映射模型来描述，在噪声的作用下其动力学方程为

$$x_i(n+1) = \frac{\alpha}{1 + x_i^2(n)} + y_i(n) + I_i^{\text{syn}}(n) + \sigma\xi_i(n) \tag{4.7}$$

$$y_i(n+1) = y_i(n) - \beta x_i(n) - \gamma \tag{4.8}$$

式中，下标 $i$ 表示网络中的第 $i(i = 1,2,3,\cdots,N)$ 个神经元；$x$ 和 $y$ 分别是模型的快动力学变量和慢动力学变量；$\alpha$、$\beta$、$\gamma$ 为模型参数；$\xi_i(n)$ 是均值为零，方差为 $\sigma$ 的高斯白噪声；$\sigma$ 的大小表征了噪声强度；$I_i^{\text{syn}}(n)$ 描述了神经元 $i$ 的突触电流，它由两部分突触电流构成——电突触电流和化学突触电流，即

$$I_i^{\text{syn}}(n) = I_{i,\text{e}}^{\text{syn}}(n) + I_{i,\text{c}}^{\text{syn}}(n)$$

电突触电流具体形式为

$$I_{i,\text{e}}^{\text{syn}}(n) = g_{\text{e}} \sum_{j=1,\ j\neq i}^{N} C_{\text{e}}(i,j)[x_j(n) - x_i(n)] \tag{4.9}$$

式中，$g_{\text{e}}$ 表示电耦合神经元之间的连接强度；$C_{\text{e}} = C_{\text{e}}(i,j)$ 是一个 $N \times N$ 维连接矩阵，

如果小世界网络中神经元 $i$ 和神经元 $j$ 之间存在连接突触，则 $C_e(i,j) = C_e(j,i) = 1$，否则 $C_e(i,j) = C_e(j,i) = 0$，且 $C_e(i,i) = 0$。

而化学突触电流具体形式为

$$I_{i,c}^{syn}(n) = g_c(x_i(n) - v) \sum_{j=1, j \neq i}^{N} C_c(i,j) \Gamma(x_j(n)) \qquad (4.10)$$

式中，$g_c$ 表示化学耦合神经元之间的连接强度；$v$ 为化学突触模型参数，本节研究的化学突触全为兴奋性突触，故设定 $v = 1.5$；$C_c = C_c(i,j)$ 是一个 $N \times N$ 的连接矩阵，如果小世界网络中神经元 $i$ 到神经元 $j$ 之间存在连接突触，则 $C_c(i,j) = 1$，否则 $C_c(i,j) = 0$，且 $C_c(i,i) = 0$。化学突触耦合函数具体定义为

$$\Gamma(x_j(n)) = 1 / \{1 + \exp[-\lambda(x_j(n) - \Theta_s)]\} \qquad (4.11)$$

模型参数为 $\alpha = 1,95$，$\beta = \gamma = 0.001$，$\lambda = 30$，$\Theta_s = -1$，无外界刺激下所有神经元都处于平衡点 $(x^*, y^*) = (-1, -1.975)$。将阈下脉冲方波信号 $I^{ext}(n)$ 引入神经元网络中单一神经元上，其具体表达式为

$$I^{ext}(n) = \begin{cases} h, & n \bmod t \geq t - w \\ 0, & \text{其他} \end{cases} \qquad (4.12)$$

式中，$t$ 是脉冲信号的振荡周期；$w$ 是每一个脉冲的宽度；$h$ 为脉冲的幅值；$I^{ext}(n)$ 作为一个起搏器，被加载在小世界网络中的某个神经元上。脉冲信号参数为 $h = 0.0015$，$w = 50$，$t = 700$，在没有噪声的情况下（$\sigma = 0$），网络中所有神经元处于阈下振荡状态。

首先研究同质网络中的随机共振现象，设定电突触和化学突触的耦合强度相同，即 $g_e = g_c = g = 0.003$。图 4.18 给出了不同噪声强度 $\sigma$ 条件下，混合小世界网络中所有神经元的放电时间分布。与单一类型突触连接的小世界神经元网络仿真结果类似，只有在合适强度的噪声作用下，如 $\sigma = 0.02$ 和 $\sigma = 0.023$，神经元的动作电位序列趋于规则化，接近于周期放电，如图 4.18（b）和图 4.18（c）所示；较弱的噪声只能刺激网络中的神经元产生随机分布的动作电位序列，如图 4.18（a）所示；而过强的噪声则会使神经元动作电位的时间规整性变差、随机性增强，从而湮没微弱的外部刺激信号，如图 4.18（d）所示。这表明混合突触小世界神经元网络中可能存在非线性随机共振现象。

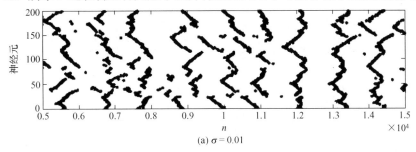

(a) $\sigma = 0.01$

图 4.18　不同噪声强度 $\sigma$ 对应的神经元放电时间分布（$f = 0.1$）

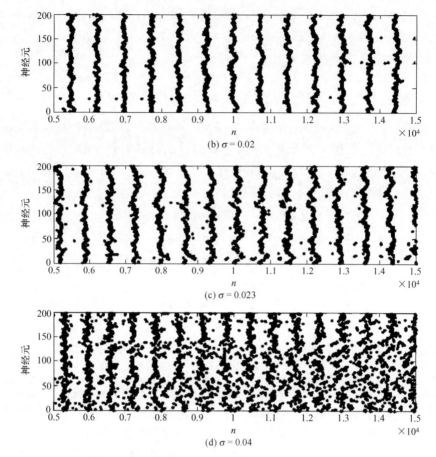

(b) $\sigma = 0.02$

(c) $\sigma = 0.023$

(d) $\sigma = 0.04$

图 4.18　不同噪声强度 $\sigma$ 对应的神经元放电时间分布（$f = 0.1$）（续）

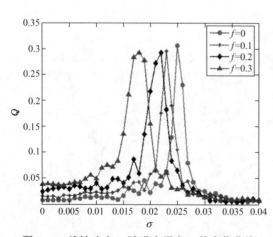

图 4.19　线性响应 $Q$ 随噪声强度 $\sigma$ 的变化曲线

通过计算系统输出对输入信号频率的线性响应（傅里叶系数），来定量描述随机噪声对神经系统动力学行为的影响。图 4.19 给出了不同的化学突触概率 $f$ 条件下，小世界网络的线性响应 $Q$ 随噪声强度 $\sigma$ 的变化曲线。可见在固定的化学突触概率 $f$ 下，存在最优的噪声强度 $\sigma$ 使得系统输出对输入信号的线性响应 $Q$ 达到峰值，即混合突触小世界神经元网络产生随机共振现象。另外，随着网络中化学突触概率的增大，系统的线性响应曲线向左移动。这表明随着化学突触概率的增大，较小强度的噪声刺激就能引发系统产生随机共振现象，产生这种现象的原因可能在于化学突触和电突触的作用机制不同。对于电突触，耦合作用一直存在；而对于化学突触，只有在突触前神经元产生动作电位后，耦合才起作用。电突触会使神经元之间的相关性增强，而这种增强的相关性会抑制神经元的同步放电。然而对于化学突触，由于其自身的传递延时以及电隔离，这种相关性降低，使神经元之间的协同作用成为可能。

进一步研究化学突触概率对小世界网络随机共振的影响，图 4.20 刻画了不同噪声强度 $\sigma$ 的条件下，小世界网络的线性响应 $Q$ 随化学突触概率 $f$ 的变化曲线。结果表明，在固定的噪声强度 $\sigma$ 下，存在最优的化学突触概率 $f$ 使得系统输出对输入信号的线性响应 $Q$ 达到峰值，表明适当的化学突触数量可以增强系统对弱信号的传递和检测能力。另外，随着噪声强度的增大，系统的线性响应曲线向左移动，也就是说，噪声强度增大，神经系统需要较少的化学突触就能使其对阈下起搏器的响应最佳。图 4.21 给出了同质耦合强度 $g$ 不同的条件下，小世界网络的线性响应 $Q$ 对化学突触概率 $f$ 的依赖性。当耦合强度 $g = 0.002$ 时，最优的化学突触概率已接近 0.9。事实上，在哺乳动物大脑中，大多数突触还是化学突触。因此，这一高化学突触概率是合理的，并且对真实大脑的信息传递和处理具有重要作用。此外，增强神经元之间的耦合强度，会使系统线性响应 $Q$ 最大的化学突触比例降低。

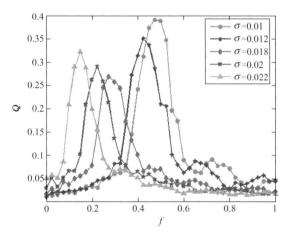

图 4.20　噪声强度 $\sigma$ 取不同值时，线性响应 $Q$ 随化学突触概率 $f$ 的变化曲线

为了研究网络拓扑结构对混合小世界神经元网络随机共振现象的影响，图 4.22 给出了重连概率 $p$ 取不同值时，线性响应 $Q$ 随噪声强度 $\sigma$ 的变化曲线。从每个子图中可以看出，线性响应曲线的形状基本相同，只是在峰值附近才会出现较大的差异。从图 4.22（a）、图 4.22（b）和图 4.22（c）可以看出，线性响应 $Q$ 的峰值 $Q_\mathrm{m}$ 随重连概率 $p$ 的增大而增加，但在较大的重连概率 $p$ 值时，峰值 $Q_\mathrm{m}$ 达到饱和，基本保持不变。当 $f = 0.3$ 时，线性响应峰值 $Q_\mathrm{m}$ 随重连概率 $p$ 一直增加。由此可见，小世界网络的重连概率对随机共振的峰值有重要影响，但对共振点的位置几乎没有影响。

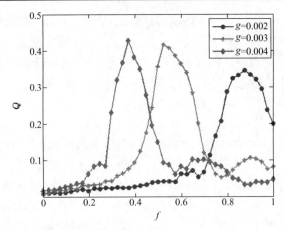

图 4.21　耦合强度 $g$ 取不同值时，线性响应 $Q$ 随化学突触概率 $f$ 的变化曲线（$\sigma = 0.006$）

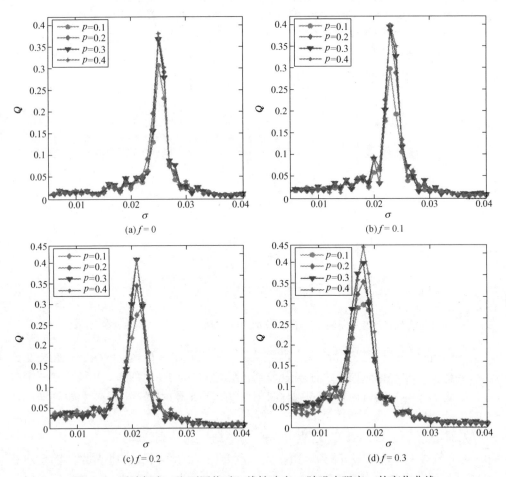

图 4.22　重连概率 $p$ 取不同值时，线性响应 $Q$ 随噪声强度 $\sigma$ 的变化曲线

图 4.23 给出了化学突触概率 $f$ 取不同值时，线性响应 $Q$ 随重连概率 $p$ 的变化曲线。由图可知，不论化学突触概率 $f$ 取何值，线性响应 $Q$ 都会随重连概率 $p$ 的增加而增大，但是当 $p > 0.3$ 时，线性响应 $Q$ 逐渐饱和。可见重连概率对小世界网络随机共振有重要影响：在重连概率未达到随机网络阈值时，增大重连概率可以提高网络的共振效果。此外，在饱和阶段，具有较大的化学突触概率 $f$ 的网络的线性响应 $Q$ 值更大。这表明，在混合突触小世界神经元网络中，化学突触比电突触能更有效地进行弱信号检测和传递。

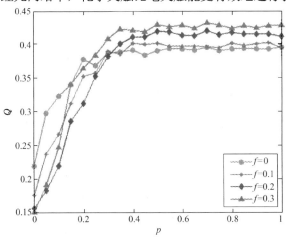

图 4.23　化学突触概率 $f$ 取不同值时，线性响应 $Q$ 随重连概率 $p$ 的变化曲线

至此，只研究了同质耦合强度的混合突触小世界神经元网络中的随机共振现象，然而耦合强度同样也是影响小世界神经元网络时空分布的一个重要参数。图 4.24 分别给出了电突触耦合强度和化学突触耦合强度取不同值时，线性响应 $Q$ 随噪声强度 $\sigma$ 的变化曲线。从图 4.24（a）可以看出，随着电突触耦合强度 $g_{e}$ 增强，响应曲线向右移动。如图 4.24（b）

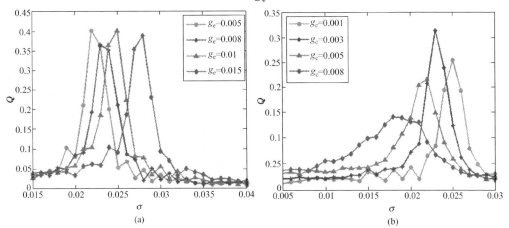

图 4.24　（a）电突触耦合强度 $g_{e}(g_{c} = 0.003)$ 和（b）化学突触耦合强度
$g_{c}(g_{e} = 0.003)$ 取不同值时，线性响应 $Q$ 随噪声强度 $\sigma$ 的变化曲线

所示，随着神经元之间化学耦合强度的增大，系统发生随机共振所需的噪声强度 $\sigma_{SR}$ 降低，产生这种差异的原因可能是电突触和化学突触的作用机制不同。化学突触只有在突触前神经元放电时才会起作用，而电突触的耦合作用一直存在。化学耦合使小振荡的神经元相互独立并提供给它们更多机会产生放电。一旦放电，它将驱使其他神经元同步放电。然而对于电耦合，阈下振荡神经元之间强烈的同步导致振荡幅值减小，从而增加放电阈值。由此可见，化学突触和电突触在小世界网络随机共振中起着相反的作用。

## 4.5  带有突触传输时滞的小世界神经元网络随机共振

### 4.5.1  时滞引发的小世界神经元网络多重随机共振

在生物神经系统中，时滞（信息传递延时）在神经元内外交流中是不可避免的。由于动作电位在神经元轴突的传播速度有限，以及树突和突触过程中的时间流逝，都会引起时滞，所以研究时滞对随机共振的影响是非常必要的。

采用 Strogatz 和 Watts 提出的随机重连方法构造一个包含 $N = 200$ 个神经元的小世界神经元网络，重连概率 $p = 0.1$。网络中的每个神经元节点用 Rulkov 提出的二维映射模型来描述，在噪声的作用下其动力学方程为

$$x_i(n+1) = \frac{\alpha}{1 + x_i^2(n)} + y_i(n) + \sigma\xi_i(n) + D\sum_{j=1}^{N} C(i,j)[x_j(n-\tau) - x_i(n)] \tag{4.13}$$

$$y_i(n+1) = y_i(n) - \beta x_i(n) - \gamma$$

式中，下标 $i$ 表示网络中的第 $i(i = 1, 2, 3, \cdots, N)$ 个神经元；$\xi_i(n)$ 是均值为零，方差为 $\sigma$ 的高斯白噪声；模型参数为 $\alpha = 1.95$，$\beta = \gamma = 0.001$，无外界刺激下所有神经元都处于平衡点 $(x^*, y^*) = (-1, -1.975)$；$D$ 表示神经元间的耦合强度，矩阵 $C = C(i,j)$ 是一个 $N \times N$ 的连接矩阵，其连接特性符合小世界特征；$\tau$ 表示信息传输的时间延迟。

将阈下周期驱动信号 $I^{\text{ext}}(n)$ 引入神经元网络中单一神经元上，选取的阈下周期信号为一脉冲方波信号，其具体表达式为

$$I^{\text{ext}}(n) = \begin{cases} h, & n \bmod t \geq t - w \\ 0, & \text{其他} \end{cases} \tag{4.14}$$

式中，参数 $t$ 是脉冲信号的振荡周期；$w$ 是每一个脉冲的宽度；$h$ 为脉冲的幅值；$I^{\text{ext}}(n)$ 作为一个起搏器，被加入小世界神经元网络中单一神经元的快动力学变量 $x$ 上。实际上，这种类型的驱动信号被广泛用于研究起搏器引起的无标度网络和小世界网络的随机共振。脉冲信号参数为 $h = 0.0015$，$w = 50$，$t = 700$，保证在没有噪声的情况下（$\sigma = 0$），网络中所有神经元处于阈下振荡状态。

图 4.25 给出了不同时间延迟 $\tau$ 条件下，小世界网络中所有神经元的放电时间分布。设神经元之间的耦合强度 $D = 0.005$，噪声强度 $\sigma = 0.025$。显然，信息传递延迟可以明显地改

变神经系统的放电行为。随着时间延迟 $\tau$ 的增加，网络的时空放电模式在规则与无序间交替变化。当 $\tau = 0$，$\tau = 700$ 和 $\tau = 1400$ 时，神经元产生有序的周期放电前端，且频率等于起搏器周期信号的频率。当 $\tau = 300$，$\tau = 1000$ 和 $\tau = 1800$ 时，神经元兴奋性的放电前端完全失去了规律性，并且神经元的放电与起搏器驱动频率 $\omega$ 之间的一致性也完全消失了。这些现象表明时间延迟可以促进或者抑制小世界神经元网络中神经元有序的周期性放电。

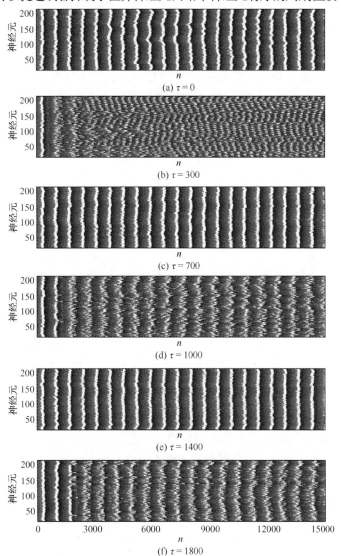

图 4.25　在不同的时间延迟 $\tau$ 下，小世界神经元网络中神经元放电的时空分布（噪声强度 $\sigma = 0.025$）

为了定量研究时滞对小世界神经元网络随机共振的影响，图 4.26 给出了在不同的噪声强度 $\sigma$ 条件下，小世界神经元网络的线性响应 $Q$ 随延时时间 $\tau$ 的变化曲线。可以看出，在固定噪声强度 $\sigma=0.025$ 的情况下，随着时间延迟的增加，$Q$ 分别在 $\tau=0$，$\tau=700$ 和 $\tau=1400$ 时出现三个最大值，这也分别与图 4.25（a）、图 4.25（c）和图 4.25（e）中的网络中神经元有序的放电时空序列相符。对于其他噪声强度 $\sigma=0.02$ 和 $\sigma=0.03$，在一定的时间延迟范围内，$Q$ 也会在相同的延迟时间点上出现极大值，但是其幅值都较小。图 4.27 刻画了线性响应 $Q$ 对时间延迟 $\tau$ 和噪声强度 $\sigma$ 的依赖性，明显可见，存在一些 $Q$ 值较高的条状区域，表明具有时间延迟的小世界神经元网络中存在随机共振现象，而且所有这些引起随机共振的时间延迟几乎都等于起搏器驱动信号周期的整数倍，这与图 4.25 中 $Q$ 分别在 $\tau=0$，$\tau=700$ 和 $\tau=1400$ 上出现三个最大值（见图 4.25（a）、图 4.25（c）和图 4.25（e））的情况相符，且 $Q$ 的最大值都出现在噪声强度 $\sigma=0.025$ 附近。实际上，时滞引发的小世界神经元网络随机共振的产生就是由于延迟时间与神经元全局振荡周期的锁相造成的，后者接近于起搏器的振荡周期。

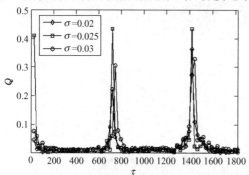
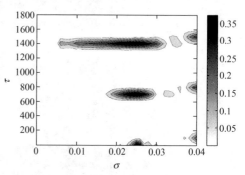

图 4.26　在不同的噪声强度 $\sigma$ 下，$Q$ 随时间延迟 $\tau$ 的变化曲线（$D=0.005$）

图 4.27　参数平面 $(\sigma,\tau)$ 内小世界神经元网络的随机共振参数 $Q$

## 4.5.2　小世界网络结构对多重随机共振的影响

为了深入了解小世界神经元网络重连概率对时滞引发的随机共振的影响，图 4.28 给出了在不同延迟时间 $\tau$ 条件下，线性响应 $Q$ 随噪声强度 $\sigma$ 和重连概率 $p$ 的变化情况。明显可见，当延迟时间等于起搏器振荡周期的整数倍时，对于每一个特定的重连概率 $p$，噪声引发的小世界神经元网络随机共振都会发生。而且随着延迟时间 $\tau$ 的增加，引起小世界神经元网络随机共振的噪声强度 $\sigma$ 的范围逐渐扩大。

为了详细观察这一现象，图 4.29（a）给出了延迟时间分别为 $\tau=0$，$\tau=700$ 和 $\tau=1400$ 时，线性响应 $Q$ 随噪声强度 $\sigma$ 的变化曲线。明显可见，随着延迟时间 $\tau$ 的增加，引发小世界神经元网络随机共振的噪声强度 $\sigma$ 的范围逐渐扩大。如图 4.28 所示，小世界神经元网络的重连概率 $p$ 几乎对线性响应 $Q$ 没有影响。实际上，网络拓扑结构对小世界神经元网络的随机共振还是有重要影响的，为了阐明这个问题，下面给出了延迟时间 $\tau=0$，$\tau=700$ 和 $\tau=1400$ 时，线性响应 $Q$ 随重连概率 $p$ 的变化曲线，如图 4.29（b）所示，固定噪声强度 $\sigma=0.025$。当 $\tau=0$ 时，即网络中没有时间延迟，线性响应 $Q$ 随着重连概率 $p$

的增大快速增加，而当时间延迟 $\tau = 700$ 和 $\tau = 1400$ 时，重连概率 $p$ 的增加几乎不对线性
响应 $Q$ 产生影响。从而可以证明，对于较小的时间延迟，增加重连概率 $p$ 能大大提高起
搏器驱动的小世界神经元网络的随机共振效率。然而，对于较大的时间延迟，如 $\tau = 700$
和 $\tau = 1400$，线性响应 $Q$ 仍然保持较大的值，且几乎不受重连概率 $p$ 的影响，也就是说，
在较大的时间延迟下，小世界网络拓扑结构对神经元网络的随机共振没有明显影响。

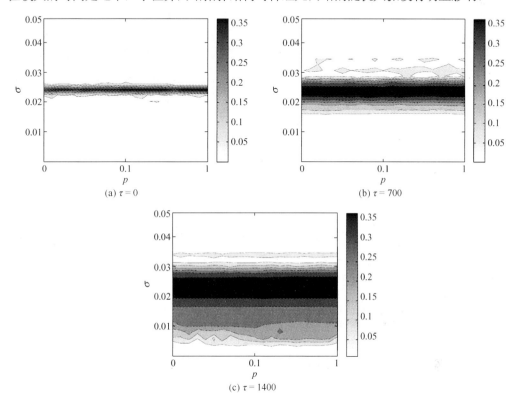

图 4.28　在不同的时间延迟 $\tau$ 下，参数空间 $(p,\sigma)$ 内小世界神经元网络的随机共振参数 $Q$（ $D = 0.005$ ）

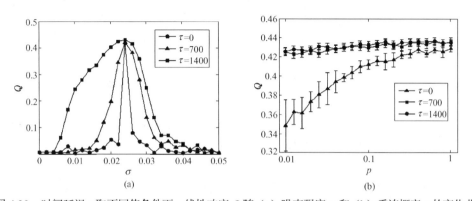

图 4.29　时间延迟 $\tau$ 取不同值条件下，线性响应 $Q$ 随（a）噪声强度 $\sigma$ 和（b）重连概率 $p$ 的变化曲线

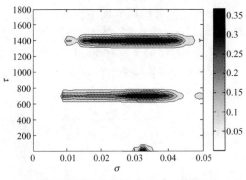

图 4.30　参数平面 $(\sigma,\tau)$ 内小世界神经元网络的随机共振参数 $Q(D=0.015)$

下面研究神经元间的耦合强度对时间延迟引起的小世界神经元网络随机共振的影响。图 4.30 给出了耦合强度 $D=0.015$ 的条件下，线性响应 $Q$ 随噪声强度 $\sigma$ 和延迟时间 $\tau$ 的变化情况。明显可见，时滞引发的随机共振在时间延迟为起搏器驱动周期整数倍也出现了。但引起小世界神经元网络随机共振的最优噪声，即使线性响应 $Q$ 最大的噪声强度增大了，即所需噪声强度变大了。

## 4.6　时滞对于前馈回路神经元网络模体随机共振的影响

最近，有关复杂神经元网络的随机共振的研究引起了广泛的关注，以往大多数的研究解决各种复杂的神经系统的动态特性，如规律扩散型耦合网络[1-2]、小世界网络[3]和无标度网络[2,4-5]。此外，深入的统计分析显示一些显著周期性的非平凡的相互连接的方式被称为"网络模体"（network motifs），被认为是各种神经元网络的基本构建块。最近，在神经科学中网络模体被广泛地研究并用来执行特定的功能。许多系统的研究工作通过数学和实验研究已经证明这些模体确实在真正的生物网络中广泛存在，尤其是在神经元网络[6-8]和脑功能网络[9]中。先前的研究已经发现，模体以一种特殊的方式连接彼此，以保留每个模体的各自的独立功能[10]。网络动态可以被理解为这些基本计算单元的组合[11]。因此，这些网络模体的动态和特殊功能被视为了解整个网络行为的第一步。

三重神经元的前馈回路（feed forward loop，FFL）是最重要的神经元网络的模体

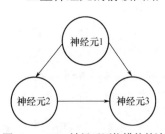

图 4.31　FFL 神经元网络模体的连接模式（神经元 1 驱动神经元 2 和神经元 3，神经元 2 驱动神经元 3）

之一[8]。在文献[8]中，三个神经元相对于基于更小的互连模型统计信息的期望显然是过于被代表的，如图 4.31 所示，神经元 1 驱动神经元 2 和神经元 3，神经元 2 驱动神经元 3。在该模体中，神经元 1、神经元 2 和神经元 3 可以分别视为输入神经元、中介神经元和输出神经元。考虑到实际中神经元可分为兴奋性和抑制性神经元，得到 8 种可能结构构型，如表 4.1 所示，E 和 I 分别用来表示兴奋性和抑制性神经元。兴奋性神经元鼓励神经元进行活动，而抑制性神经元起相反的作用。最近，

Li 等研究了在 FFL 神经元网络模体中的随机和相干共振[12]，他们证明了 FFL 模体相比于如文献[13]中所给出的其他简单的链结构更加显著。通过比较 8 种结构构型的随机共振的影响，他们发现所有可能的结构都能够诱发弱耦合体系的最优随机共振。然而，

在文献[12]的研究中并未考虑时延的影响。在实际的神经系统中，时延产生的主要原因是动作电位跨越神经元轴突的传播速度有限，和在中间神经元和神经系统固有的通信中树突和突触传播过程中发生时间流逝是不可避免的。典型的传导速度是大约为10m/s，导致信息的传输时间不可以忽略，传输时间以毫秒为单位，甚至数百毫秒的顺序[14]。研究发现时延不仅可以促进和提高神经元的同步[15-18]，也诱导多重共振[19-23]引发许多有趣的现象[24-26]。此外，通过化学突触的时延在激发转移过程中发挥着微妙作用，例如，在带有混合突触的图位小世界神经元网络中的时延可以诱导正相同步和反相同步[27]。接下来将利用计算机建模来系统地探索信息传输延迟中随机共振的依赖性和FFL 神经元网络模体不同的结构构型。

表 4.1　8 种可能的 FFL 类型

| 类型 | 神经元 1 | 神经元 2 | 神经元 3 |
| --- | --- | --- | --- |
| T1-FFL | E | E | E |
| T2-FFL | E | I | E |
| T3-FFL | E | E | I |
| T4-FFL | E | I | I |
| T5-FFL | I | E | E |
| T6-FFL | I | I | E |
| T7-FFL | I | E | I |
| T8-FFL | I | I | I |

首先，结合 Hodgkin-Huxley 型动态模型生物学上的合理性和放电神经元的计算效率，用 Izhikevich 神经元模型来构建 FFL 神经元网络模体[28]。在放电后的辅助条件下，由下面两个方程来约束所研究模体的动态：

$$\frac{dv_i}{dt} = 0.04v_i + 5v_i + 140 - u_i + I_i^{noise} + I_i^{syn} + I_i^{ext} \tag{4.15}$$

$$\frac{du_i}{dt} = a(bv_i - u_i) \tag{4.16}$$

如果 $v_i \geqslant 30\text{mV}$，那么

$$\begin{cases} v_i = c \\ u_i = u_i + d \end{cases} \tag{4.17}$$

式中，$i=1,2,3$ 指神经元；$dt = 0.1\text{ms}$ 是一个固定的完整时间步长；$v_i$ 表示神经元的膜电位；$u_i$ 表示膜恢复变量；$a$、$b$、$c$、$d$ 代表四个用于神经元类型的量纲参数。根据文献[28]，常规放电（regular spiking，RS）神经元（$a = 0.02$，$b = 0.2$，$c = -65$，$d = 8$）用来模拟兴奋性神经元，而快速放电（fast spiking，FS）神经元（$a = 0.1$，$b = 0.2$，$c = -65$，$d = 2$）用来模拟抑制性神经元。如图 4.32 所示，当 RS 和 FS 被低阈的直流驱动时均正常放电。但当激励源足够大时，它们则会爆发式放电。此外，无论何时当膜电位达到 $V_{th} = 30\text{mV}$ 这个阈值时，膜电位和恢复变量将会在一个动作电位产生后恢复至式（4.17）的情况。噪声电流 $I_i^{noise} = \sqrt{2D\xi_i(t)}$ 代表神经元内部或外部的波动，其中添加的时空高斯白噪声 $\xi_i(t)$ 满足 0 均值和单位方差，$D$ 代表噪声强度。$I_i^{syn}$ 即突触总电流，指所有从神经

元 $i$ 到神经元 $j$ 传入的化学突触电流总和，即 $I_i^{\text{syn}} = \sum I_{ij}^{\text{syn}}$ ，其中 $I_{ij}^{\text{syn}}(t) = g_{ij}r_j[E_s - v_i(t)]$ ，$g_{ij}$ 描述了神经元 $j$ 到神经元 $i$ 的突触耦合强度。为了简单起见，假设所有的连接耦合强度相同。$E_s$ 代表反电位决定突触类型，$E_s = 0\text{mV}$ 代表兴奋性突触，$E_s = -80\text{mV}$ 代表抑制性突触。根据文献[29]，兴奋性突触还是抑制性突触取决于前突触神经元的类型。兴奋性神经元和抑制性神经元分别给后突触神经元发送兴奋性神经递质和抑制性神经递质。在神经递质服从以下一级动力学约束下，突触变量 $r_j$ 是后突触的分数，即

$$\frac{\mathrm{d}r_j}{\mathrm{d}t} = \frac{1 - r_j}{1 + \mathrm{e}^{-(v_j - \tau)}} - \frac{r_j}{10} \tag{4.18}$$

式中，$\tau$ 表示延迟长度。此外 $I_i^{\text{ext}}$ 是外部施加的电流。为保证 FFL 神经元网络模体的随机共振的出现，设置 $I_2^{\text{ext}} = I_3^{\text{ext}} = 2$ ，并且考虑到神经元 1 受到一个局部亚阈值的周期性强制，即 $I_1^{\text{ext}} = 2 + \sin(\omega t)$ ，其中 $\omega$ 是微弱信号的频率。在无噪声的情况下，外部施加的电流太弱，不足以激发 FFL。

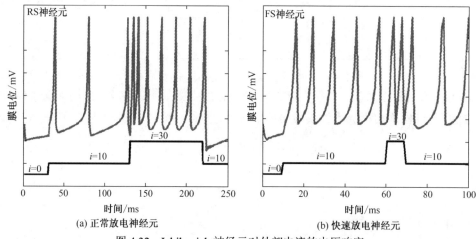

图 4.32　Izhikevich 神经元对外部电流的电压响应

为了定量表征带有周期性亚阈值频率的信号 $\sin(\omega t)$ 的输出单元 $v_3$ 的时间输出序列的相关性，用如下形式计算输入频率 $\omega$ 的傅里叶系数 $Q$：

$$Q_{\sin} = \frac{\omega}{2n\pi} \int_0^{\frac{2n\pi}{\omega}} 2v_3(t)\sin(\omega t)\mathrm{d}t$$

$$Q_{\cos} = \frac{\omega}{2n\pi} \int_0^{\frac{2n\pi}{\omega}} 2v_3(t)\cos(\omega t)\mathrm{d}t \tag{4.19}$$

$$Q = \sqrt{Q_{\sin}^2 + Q_{\cos}^2}$$

式中，$n$ 是积分时间包括的周期 $2\pi/\omega$ 的数目；$Q$ 的最大值表示微弱输入信号和输出神经元之间的最佳相位同步，在本节中用 $Q$ 参数来代替功率谱，这是由于 $Q$ 参数是一种比功率谱更为紧凑的工具，在频率为 $\omega$ 的情况下 $Q$ 参数在编码信息传输中具有重要意义。

由于当神经元 1 是抑制性时 $Q$ 的值过小，只能在输入神经元为兴奋性的 FFL 模体中发现感兴趣的结果，本节中展示了相应的仿真结果。首先，为了研究耦合强度的作用，图 4.33 展示了不同耦合强度时输入神经元和输出神经元的时间序列，从图中可知，输入神经元放电可以引发中介神经元和输出神经元的应答。在图 4.33（a）中，由于耦合强度 $g=0.15$ 过小，神经元 3 没有应答神经元 1 的每一个放电脉冲。但当耦合强度提高到 0.3 时，如图 4.33（b）所示，放电脉冲可以准确地驱动输出神经元。对于 T1-FFL 模体，耦合强度继续提高（$g=0.5$）的情况下，由于中介神经元是兴奋的（见图 4.33（c）），它没有足够强的耦合强度，输出神经元可以借助噪声来产生非常不规则和稀疏的放电。不过值得注意的是，当耦合强度足够大时，如 $g=0.8$，如图 4.33（d）所示，输出神经元产生的放电变为常规的。

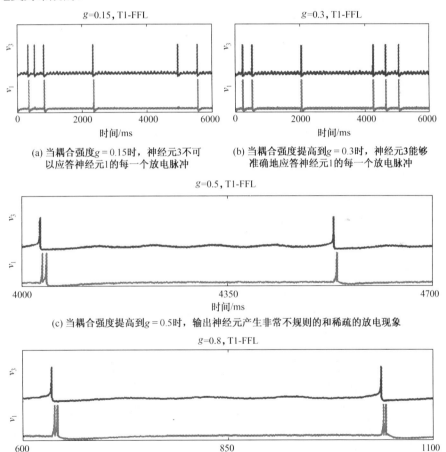

图 4.33　T1-FFL 模体不同耦合强度时输入神经元和输出神经元的
时间序列（噪声强度 $D=1.08$，弱信息的频率 $\omega=62.8\mathrm{rad/s}$）

为了进一步研究 T1-FFL 模体耦合强度的影响，如图 4.34 所示，不同 $g$ 值对应的最优噪声强度计算得到 $Q_{max}$。结果表明当耦合强度 $g > 0.3$ 时，$Q_{max}$ 几乎保持恒定，这种现象是由于耦合强度的增加只是加强了内部放电。因此，强耦合强度不能破坏输入神经元与输出神经元之间的信息传递，从而保证 $Q_{max}$ 的值保持稳定。

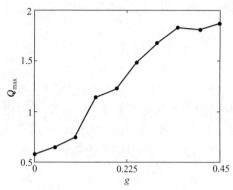

图 4.34　$Q_{max}$ 为两个 T1-FFL 模体的耦合强度函数（当耦合强度 $g > 0.3$ 时，$Q$ 的最大值几乎保持恒定）

最近有报告称不同的信息传输延迟可诱导随机共振间歇性出现。如果延迟是变化的，那么不同的耦合强度对应的傅里叶系数 $Q$ 由式（4.19）计算得到。图 4.35 中的数值结果展示了不同 $g$ 时 $Q$ 对于延迟 $\tau$ 的依赖性，可以从图 4.35 发现，对于 T1-FFL 模体，中介神经元为兴奋性的情况下，定值时延 $\tau$ 显著促进随机共振。这里弱周期信号的频率设为 10Hz。有趣的是当时延正好提高到 100ms 时，随机共振被加强。值得注意的是，由 $\tau = 200$ms 和 $\tau = 300$ms 引起的本征振荡的第二甚至是第三谐波也可以导致 $Q$ 出现一个基本较低的峰值。此外，在 $g$ 的值较小的情况下，对于不同的耦合强度，随机共振的间歇性现象可能不能明显出现。而对于强耦合强度，间歇随机共振的这种现象不能随 $g$ 的进一步增加而变化。然而，对于 T2-FFL 模体，由于抑制性神经元的作用，强耦合强度不能诱发放电。因此，在最优外部噪声强度的辅助下时延对随机共振的影响不大。只出现了如图 4.35（b）所示的时延变化这种微弱扰动。对于 T2-FFL 模体需要注意的是，

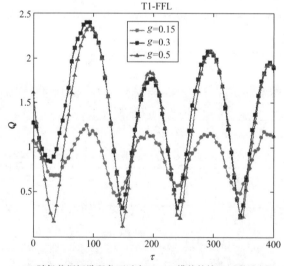

(a) 随机共振间歇现象可以在 T1-FFL 模体的情况下明显出现

图 4.35　不同耦合强度 $g$ 的情况下 $Q$ 对于延迟 $\tau$ 的依赖性

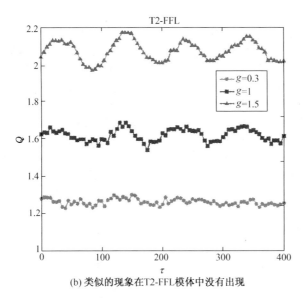

(b) 类似的现象在T2-FFL模体中没有出现

图 4.35　不同耦合强度 $g$ 的情况下 $Q$ 对于延迟 $\tau$ 的依赖性（续）

因其抑制性中介神经元在放电模式下不可以给输出神经元传递任何信息，所以抑制性神经元的 $\tau$ 值对最终的仿真结果没有影响。可以随机设定 $\tau$ 值而不会改变 $Q$ 曲线微小扰动的出现，然而兴奋性神经元的时延 $\tau$ 集中促进间歇性随机共振。此外，T4-FFL 模体出现了同样的情况，这是由于只有输入神经元为兴奋性神经元。

　　为了进行全面的考察，图 4.36 呈现了 T1-FFL 模体和 T2-FFL 模体的 $Q$ 对噪声强度 $D$ 和信息时延 $\tau$ 的依赖性。事实上可以观察到在 $Q$ 值较大时存在一些亮的环形区域，表明可以实现随机共振。随着信息传输延迟的增加，T1-FFL 在某些最优噪声情况下出现随机共振的间歇性现象，而 T2-FFL 模体的这种现象并没有出现。此外，从它本身图像旁边的彩条可知，T2-FFL 模体的 $Q_{max}$ 小于 T1-FFL 模体的 $Q_{max}$。这意味着抑制中介神经元不仅可以诱发间歇性随机共振的趋势，还可以降低 $Q_{max}$ 的幅度。这个结果与在无标度神经元网络中延迟导致多重随机共振相似[17]。如果神经元全局谐振周期接近心脏起搏器的振荡周期，那么延迟长度和单个神经元全局谐振周期之间的结合会产生神经活动中延迟引起的随机共振。

　　为了进一步解释间歇性随机共振，图 4.37 显示了某些延迟引起的时间序列。由于 T1-FFL 模体中存在一个兴奋性中介神经元，信息将从两个不同的传导途径传播。具体来说，弱信息可以从神经元 1 直接发送至神经元 3，或经神经元 2 发送至神经元 3。如图 4.37（b）所示，如果时间延迟是 100ms，由于信息从直接通道传播，输出神经元将在输入神经元 100ms 后触发第一个放电脉冲，再经过 100ms 的延迟，输出神经元会因从间接通路传播的信息而产生第二个放电脉冲。图 4.37（a）所示为无延迟的情况。此外，通过比较图 4.37（a）和图 4.37（b）的时间序列，在 150ms 的时间延迟会使得相

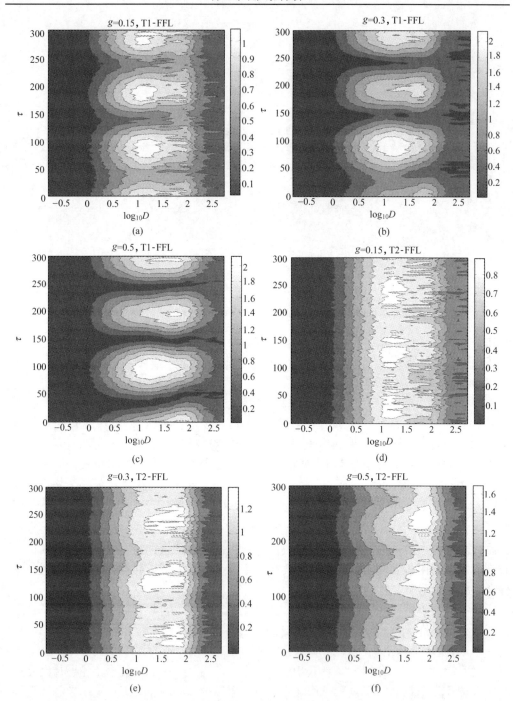

图 4.36　在（a）～（c）T1-FFL 模体和（d）～（f）T2-FFL 模体不同
耦合强度下，间歇性随机共振 $Q$ 对噪声强度 $D$ 和信息时延 $\tau$ 的依赖性

随着信息传输延迟的增加，T1-FFL 模体在某些最优噪声增强的情况下出现间歇性随机共振现象，而 T2-FFL 模体则没有出现这种现象

邻峰值的时间间隔也是 150ms，造成峰值时刻变得不一致，这就是随机共振间歇性消失的理由。然而，对于 T2-FFL 模体来说中介神经元是抑制性的。通过对比图 4.37（c）和图 4.37（d）发现了一个有趣的现象，抑制性中介神经元不能促进信息的传播。因此，信息可以仅通过直接通路发送使得间歇性随机共振现象消失。

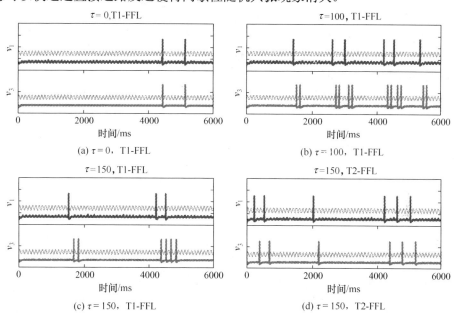

(a) $\tau = 0$，T1-FFL

(b) $\tau = 100$，T1-FFL

(c) $\tau = 150$，T1-FFL

(d) $\tau = 150$，T2-FFL

图 4.37　不同信息时延的输入神经元与输出神经元的时间序列
（所有模体中噪声强度 $D = 1.08$，弱信息的频率 $\omega = 62.8$rad/s）

最后，为了进一步讨论模体结构的影响，在四种不同类型的模体中，通过变化耦合强度 $g$ 相应的最优噪声强度来计算 $Q$ 的最大值。时延 $\tau = 100$ms 的存在与否起到了重要的作用，尤其是在 T1-FFL 模体中。可以发现中介神经元在曲线以上三个神经元构成的模体中的作用。兴奋性中介神经元可以诱发间歇性随机共振，而抑制性神经元会减弱它们在间歇模式时的影响。可以从图 4.38 中看到，不论 100ms 的延迟存在与否 T1-FFL 的 $Q_{\max}$ 总是大于其他几种模体，这是由于其他三种模体中抑制性神经元对随机共振的影响。此外，在前两种模体类型中如果模体中有抑制性输出神经元，其对随机共振的作用相比于兴

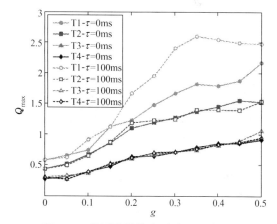

图 4.38　前四种模体在无时延和时延为 100ms 的情况下的耦合强度函数 $Q_{\max}$

奋性神经元将会更糟糕。更有趣的是，在耦合强度 $g < 0.5$ 时没有出现放电现象，时延很大程度上加强了随机共振的影响，尤其是当所有神经元都为兴奋性神经元的情况下。

　　复杂网络的内在复杂性作为一个整体给研究带来了困难。网络模体作为一种非常显著和普遍相互联系模式成为研究的热点，这为研究复杂网络提供了新的途径，因此阐明不同结构模体的动态与功能将揭示整个网络的行为。在目前的工作中，通过计算机建模研究 FFL 神经元网络模体中时延诱发的间歇性随机共振现象。用 Izhikevich 神经元微分方程和化学突触来描述 FFL 模体的结构和特征，建立了随机模型来详细研究时延诱发的随机共振。根据在 FFL 模体中的神经元是兴奋性还是抑制性的，对 FFL 的 8 个可能的结构构型进行了讨论。随机共振研究得到的数值结果显示，只有输入神经元是兴奋的 4 个类型的 FFL 可以在最佳的噪声强度和大耦合强度获得的 $Q$ 的最大值。特别是在比较 $Q$ 对应的耦合强度时发现由于 T1-FFL 的神经元均为兴奋性神经元，随机共振的效果比其他类型更好。模体的强耦合强度可以促进随机共振，尤其是 T1-FFL 模体强耦合强度可能会引起爆发。由于 FFL 模体广泛存在于真实的神经元网络中，除了无处不在的噪声影响，时间延迟可能对随机共振具有显著的影响。在 T1-FFL 和 T3-FFL 模体中，兴奋性中介神经元提供了信息传播第二个间接途径，因此随机共振间歇性出现这个非常有趣的现象出现了。但是，由于中介神经元不同，T2-FFL 和 T4-FFL 中的抑制性中介神经元不存在类似的间歇性现象。更有趣的是，对于兴奋性中介神经元，当时延正好等于的弱信息的周期时，这些种类的模体表现出随机共振的最佳效果。此外，输出神经元的类型对随机共振起着重要的作用。在 T1-FFL 和 T2-FFL 中的兴奋性输出神经元可以加强随机共振的效果，而在 T3-FFL 和 T4-FFL 中的抑制性神经元可能降低 $Q$ 的最大值。

　　由于现实中的神经元网络包含大量的 FFL 模体，噪声和延迟普遍存在于神经系统中，本节所提出的噪声引起的动态行为有一定的生物学意义，尤其是简化了复杂神经元网络的研究。该领域的进一步研究包括研究其他神经元网络模体，例如，用由 4 个神经元构成并带有电和化学混合突触的模体来观察 FFL 神经元网络模体的神经信息传递机制。

# 4.7　突触可塑性在神经元网络共振中的作用

## 4.7.1　突触可塑性

　　突触是神经元间信息传递的关键结构，神经元借助突触彼此相互联系，构成复杂的神经元网络，实现神经系统的各种功能。然而，先前关于神经元网络的研究大多是基于突触连接的静态描述，但实际上，神经元之间的突触耦合强度则是一个随神经调节和时间变化的过程。突触可塑性（synaptic plasticity）是指在不同环境噪声刺激下突触的结构和功能发生适应性改变的过程。

　　1949 年，Hebb 提出：当细胞 $A$ 的轴突足够接近兴奋细胞 $B$ 且重复或持续激发其放电，其中一个细胞或者两个细胞就会出现一些增强过程或代谢变化，如 $A$ 激发 $B$ 放电的效率提高了。自从一系列经典实验显示出"Hebbian 类"突触可塑性，其中包括在很多系统中发现的长时程增强（long term potentiation，LTP）和长时程抑制（long term depression，LTD），这一"神经生理假设"因此成为神经科学中主要的观点。近几十年来，许多学者已将 Hebb 的想法拓展到很多不同的基于相关准则的突触连接模式中。其中，STDP（spike-timing-dependent plasticity）就是这样一种基于 Hebbian 模型及其调制特点的突触可塑性模式，它依据突触前、后神经元放电时刻的差值对突触电导进行调制。

大量的细胞内和细胞外的电生理实验证实了 STDP 的存在。例如，Markram 等通过对新皮质切片中的椎体神经元进行全细胞电压记录，发现神经元间的突触连接受放电调节。科学家同样在大鼠的海马神经元培养和蝌蚪顶盖中观察到 STDP 调节。另外，研究表明成人感觉皮层、视觉皮层以及运动系统也可能涉及这种与相对时间相关的可塑性。

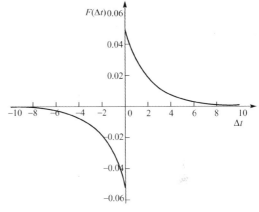

图 4.39　$F(\Delta t)$ 函数示意图

STDP 调制函数（见图 4.39）为

$$F(\Delta t) = \begin{cases} A_+ \exp(-|\Delta t|/\tau_+), & \Delta t > 0 \\ -A_- \exp(-|\Delta t|/\tau_-), & \Delta t < 0 \end{cases} \tag{4.20}$$

式中，$\Delta t = t_{\text{post}} - t_{\text{pre}}$（$t_{\text{post}}$ 为突触后神经元放电时刻，$t_{\text{pre}}$ 为突触前神经元放电时刻）。如果 $\Delta t = 0$，则 $F(\Delta t) = 0$。也就是说，如果突触前神经元先于突触后神经元放电，则突触增强；反之突触减弱。突触调节的程度受调节率 $A_+$ 和 $A_-$ 取值的限制，调节率越大，突触调节的幅度越大。$\tau_+$ 和 $\tau_-$ 分别决定突触增强和减弱的时间窗长度。

近年来，STDP 对神经元网络结构和动力学的影响已引起广泛关注。研究发现，大脑中的功能结构可以通过 STDP 对突触进行重组，从而表现出小世界特性或无标度特性。模型研究表明，STDP 突触调节能够自动平衡突触强度，使得突触后神经元放电不规则，但对突触前放电时刻更敏感。STDP 对于神经元网络同步的影响也被广泛地研究。例如，Kube 等通过研究具有自适应耦合的小世界神经元网络中的同步活动，发现通过 STDP 调节后的突触连接强度使得神经元活动的同步性降低了。另外，在具有 STDP 机制的自组织神经元网络中的相干共振和随机共振现象中，发现 STDP 可以有选择地改善突触连接，并且能够增强神经元之间的相互联系，提高信息在网络中的传递效率。

## 4.7.2　突触可塑性对神经元网络连接结构的调节

采用 Newman 和 Watts 提出的随机加边方法构造一个包含 $N = 100$ 个神经元的小

世界神经元网络。网络中的每个神经元节点用 FHN 模型来描述，在噪声的作用下其动力学方程为

$$\varepsilon \dot{V}_i = V_i - V_i^3 / 3 - W_i + I_i^{\text{syn}} + \sigma \xi_i \tag{4.21}$$

$$\dot{W}_i = V_i + a - b_i W_i \tag{4.22}$$

式中，下标 $i$ 表示网络中的第 $i = (i = 1, 2, 3, \cdots, N)$ 个神经元；$V$ 和 $W$ 分别是模型的快动力学变量和慢动力学变量；$\varepsilon$、$a$、$b$ 为模型参数，模型参数 $b$ 对神经元动力学有重要影响，在没有噪声的情况下，$b > 0.45$ 时，神经元是可兴奋的；$b < 0.45$ 时，系统会产生周期性放电，本节研究的神经元网络为异质性的，因此设定 $b_i$ 在[0.45, 0.75]范围内随机分布；$\xi_i$ 是均值为零，方差为 $\sigma$ 的高斯白噪声；$I_i^{\text{syn}}$ 是耦合项，它描述了神经元 $i$ 的突触电流，具体形式为

$$I_i^{\text{syn}} = -\sum_{j=1(j \neq i)}^{N} g_{ij} C(i, j) s_j (V_i - V_{\text{syn}}) \tag{4.23}$$

式中，$C = C(i, j)$ 是一个 $N \times N$ 的连接矩阵，如果小世界网络中神经元 $i$ 和神经元 $j$ 之间存在连接突触，则 $C(i, j) = C(j, i) = 1$，否则 $C(i, j) = C(j, i) = 0$，且 $C(i, i) = 0$；$V_{\text{syn}}$ 为突触反电势，决定突触类型，此处考虑的突触为兴奋性突触，故设定 $V_{\text{syn}} = 0$。突触变量 $s_j$ 的动力学描述为

$$\dot{s}_j = \alpha(V_j)(1 - s_j) - \beta s_j \tag{4.24}$$

$$\alpha(V_j) = \alpha_0 / (1 + e^{-V_j / V_{\text{shp}}}) \tag{4.25}$$

式中，突触恢复函数 $\alpha(V_j)$ 为 Heaviside 函数。神经元之间的突触耦合强度 $g_{ij}$ 通过 STDP 修正函数 $F(\Delta t)$ 进行调整，该修正函数定义为

$$\Delta g_{ij} = g_{ij} F(\Delta t) \tag{4.26}$$

$$F(\Delta t) = \begin{cases} A_+ \exp(-|\Delta t| / \tau_+), & \Delta t > 0 \\ -A_- \exp(-|\Delta t| / \tau_-), & \Delta t < 0 \end{cases} \tag{4.27}$$

式中，$\Delta t = t_i - t_j$，如果 $\Delta t = 0$，则 $F(\Delta t) = 0$；突触调节的程度受调节率 $A_+$ 和 $A_-$ 取值的限制；$\tau_+$ 和 $\tau_-$ 分别决定突触增强和减弱的时间窗长度。实验研究表明 $A_- \tau_- > A_+ \tau_+$，因此，设定 $A_- / A_+ = 1.05$，$\tau_+ = \tau_- = 20$。神经元网络中所有突触耦合强度的初值设为 $g_{ij} = g_{\text{max}} / 2 = 0.05$，$g_{\text{max}} = 0.1$ 为耦合强度的上限。其他模型参数为 $\varepsilon = 0.08$，$a = 0.7$，$\beta = 1$，$\alpha_0 = 2$，$V_{\text{shp}} = 0.05$。仿真采用欧拉算法，步长为 0.05。噪声强度 $\sigma = 0$ 时，网络中所有神经元处于阈下振荡状态。

　　为了研究耦合强度在 STDP 调节过程中如何变化，引入平均耦合强度的概念，即神经元集群耦合强度的时间平均，具体表示为

$$\langle g \rangle = \lim_{T \to \infty} \frac{1}{N^2 T} \sum_{t=1}^{T} \sum_{i=1}^{N} \sum_{j=1}^{N} g_{ij}(t) \qquad (4.28)$$

式中，$T$ 为积分时间。图 4.40 给出了不同的 STDP 参数条件下，小世界网络的平均耦合强度 $\langle g \rangle$ 分别随噪声强度 $\sigma$ 和重连概率 $p$ 的变化曲线。如图 4.40（a）和图 4.40（c）所示，在固定的调节率 $A_+$ 或时间窗 $\tau_-$ 下，平均耦合强度 $\langle g \rangle$ 随噪声强度 $\sigma$ 增大而减小。图 4.41（a）～图 4.41（c）详细地描绘了不同噪声强度 $\sigma$ 下，突触调节的时间过程。明显可见，随着噪声强度 $\sigma$ 的增大，强耦合强度 $(g \geqslant 0.9 \cdot g_{max})$ 和中等耦合强度 $(0.1 \cdot g_{max} < g_{ij} < 0.9 \cdot g_{max})$ 的突触比例迅速降低，且弱耦合强度 $(g \leqslant 0.1 \cdot g_{max})$ 的比例增大，因此，导致整个小世界网络的平均耦合强度降低。图 4.40（a）还表明，在相同的噪声强度 $\sigma$ 下，随着调节率 $A_+$ 的增加，平均耦合强度 $\langle g \rangle$ 反而降低。这是由于决定耦合强度减弱的调节率 $A_-$ 略大于决定耦合强度增强的调节率 $A_+$，在相同的放电间隔内，耦合强度的减弱量大于增长量。中等突触强度 $(0.1 \cdot g_{max} < g_{ij} < 0.9 \cdot g_{max})$ 的比例随着 $A_+$ 的增加相应下降（详细的耦合强度时间过程如图 4.41（d）～图 4.41（f）所示）。图 4.40（b）描绘了在不同 STDP

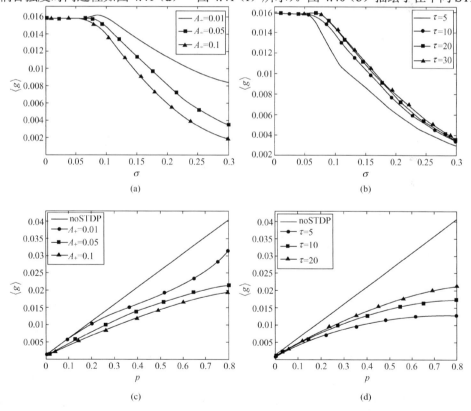

图 4.40  （a）STDP 调节率 $A_+$ 和（b）时间窗 $\tau$ 取值不同时，平均耦合强度 $\langle g \rangle$ 随噪声强度 $\sigma$ 的变化曲线以及（c）STDP 调节率 $A_+$ 和（d）时间窗 $\tau$ 取值不同时，平均耦合强度 $\langle g \rangle$ 随重连概率 $p$ 的变化曲线

时间窗 $\tau_-$ 下，平均耦合强度 $\langle g \rangle$ 随噪声强度 $\sigma$ 的变化曲线。明显可见，具有较大 STDP 调节时间窗的神经系统可以获得较强的平均耦合强度。然而，当时间窗 $\tau > 20$ 时，随着 $\tau$ 的增加，突触调节差异减弱。随着放电时间间隔的增加，由相关放电引起突触增强或减弱的能力迅速降低。

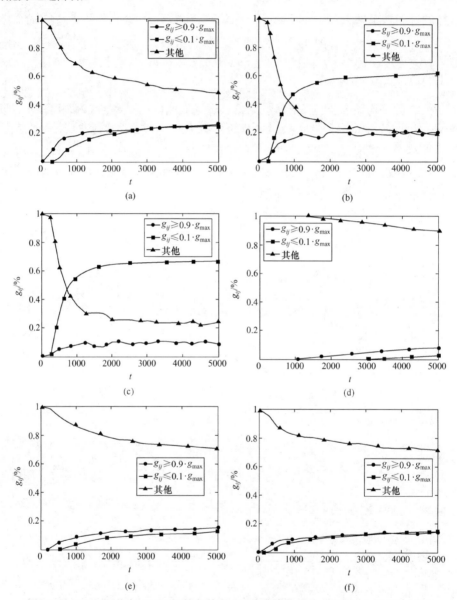

图 4.41　STDP 调节率 $A = 0.05$ 的条件下，噪声强度为（a）$\sigma = 0.05$，（c）$\sigma = 0.1$ 和（e）$\sigma = 0.15$ 时，突触耦合强度分布。噪声强度为 $\sigma = 0.1$ 条件下，STDP 调节率为（b）$A = 0.01$，（d）$A = 0.05$ 和（f）$A = 0.1$ 时，突触耦合强度分布

另外，神经元网络拓扑结构也会影响系统的平均耦合强度。如图 4.40（c）和图 4.40（d）所示，在固定的调节率 $A_+$ 或时间窗 $\tau$ 下，平均耦合强度 $\langle g \rangle$ 随重连概率 $p$ 的增加而增大。这是因为重连概率 $p$ 越大，神经元网络内突触的数量越多，相应的平均耦合强度 $\langle g \rangle$ 也越大。然而，对于固定的重连概率 $p$，平均耦合强度 $\langle g \rangle$ 的变化取决于 STDP 参数，即 STDP 调节率 $A_+$ 和时间窗 $\tau$。平均耦合强度 $\langle g \rangle$ 随 $\tau$ 的增加而增强，但随着 $A_+$ 的增加而减弱。

在 STDP 规则中，调节比率 $f_A(f_A = A_- / A_+)$ 和时间窗比率 $f_\tau(f_\tau = \tau_+ / \tau_-)$ 同样会影响小世界神经元网络的动态耦合强度。图 4.42（a）绘制了 $\langle g \rangle$ 随 $f_A$ 的变化曲线，$\langle g \rangle$ 随着 $f_A$ 的增加而增强，且较大的调节率会导致系统获得较小的平均耦合强度。此外，$\langle g \rangle$ 随 $f_\tau$ 的变化情况如图 4.42（b）所示，$f_\tau$ 加强了系统的平均耦合强度。总之，噪声强度、网络结构和 STDP 共同作用影响神经系统的平均耦合强度。

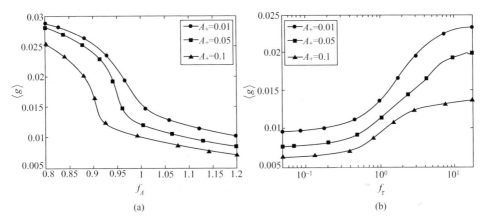

图 4.42　调节率 $A_+$ 取值不同时，平均耦合强度 $\langle g \rangle$ 随（a）调节比率 $f_A$ 和（b）时间窗比率 $f_\tau$ 的变化曲线

### 4.7.3　STDP 对小世界神经元网络随机共振的增强作用

采用 Newman 和 Watts 提出的随机加边方法构造一个包含 $N = 100$ 个神经元的小世界神经元网络，网络中的每个神经元节点用 FHN 模型来描述，在噪声和低频信号的作用下其动力学方程为

$$\varepsilon \dot{V}_i = V_i - V_i^3 / 3 - W_i + I_i^{\text{syn}} + I_{\text{ex}} + \sigma \xi_i \tag{4.29}$$

$$\dot{W}_i = V_i + a - b_i W_i \tag{4.30}$$

式中，下标 $i$ 表示网络中的第 $i(i = 1,2,3,\cdots,N)$ 个神经元；本节研究的神经元网络为异质性的，因此设定 $b_i$ 在[0.45, 0.75]范围内随机分布。$I_{\text{ex}} = B \cdot \sin(\omega t)$ 为外部刺激电流，$B$ 和 $\omega$ 分别为正弦信号的幅值和角频率；$\xi_i$ 是均值为零，方差为 $\sigma$ 的高斯白噪声；$I_i^{\text{syn}}$ 是耦合项，它描述了神经元 $i$ 的突触电流，具体形式为

$$I_i^{\mathrm{syn}} = - \sum_{j=1(j \neq i)}^{N} g_{ij} C(i,j) s_j (V_i - V_{\mathrm{syn}}) \tag{4.31}$$

式中，$C = C(i,j)$ 是一个 $N \times N$ 的连接矩阵，如果小世界网络中神经元 $i$ 和神经元 $j$ 之间存在连接突触，则 $C(i,j) = C(j,i) = 1$，否则 $C(i,j) = C(j,i) = 0$，且 $C(i,i) = 0$；$V_{\mathrm{syn}}$ 为突触反电势，决定突触类型，本节考虑的突触为兴奋性突触，即 $V_{\mathrm{syn}} = 0$。突触变量 $s_j$ 的动力学描述为

$$\dot{s}_j = \alpha(V_j)(1 - s_j) - \beta s_j \tag{4.32}$$

$$\alpha(V_j) = \alpha_0 / (1 + \mathrm{e}^{-V_j / V_{\mathrm{shp}}}) \tag{4.33}$$

式中，突触恢复函数 $\alpha(V_j)$ 为 Heaviside 函数。神经元间的突触耦合强度 $g_{ij}$ 通过 STDP 修正函数 $F(\Delta t)$ 进行调整，该函数定义为

$$\Delta g_{ij} = g_{ij} F(\Delta t) \tag{4.34}$$

$$F(\Delta t) = \begin{cases} A_+ \exp(-|\Delta t| / \tau_+), & \Delta t > 0 \\ -A_- \exp(-|\Delta t| / \tau_-), & \Delta t < 0 \end{cases} \tag{4.35}$$

式中，$\Delta t = t_i - t_j$，如果 $\Delta t = 0$，则 $F(\Delta t) = 0$。设定 $A_- / A_+ = 1.05$（定义 $A = A_+$ 为调节率），$\tau_+ = \tau_- = \tau$。神经元网络中所有突触耦合强度设为 $g_{ij} = g_{\mathrm{max}} = 0.05$，$g_{\mathrm{max}}$ 为耦合强度的上限。其他模型参数为 $\varepsilon = 0.08$，$a = 0.7$，$\beta = 1$，$\alpha_0 = 2$，$V_{\mathrm{shp}} = 0.05$。外部刺激信号参数为 $B = 0.1$，$\omega = 0.2$，将正弦信号 $B \cdot \sin(\omega t)$ 加载在小世界网络中的所有神经元上，噪声强度 $\sigma = 0$ 时，网络中所有神经元处于阈下振荡状态。

　　计算系统输出对输入信号频率 $\omega$ 的线性响应 $Q$（傅里叶系数），来定量描述 STDP 对小世界神经元网络随机共振现象的影响。如图 4.43 所示，不论网络的突触连接是固定的还是随 STDP 适应的，都存在最优的噪声强度 $\sigma$ 使得系统输出对输入信号的线性响应 $Q$ 达到峰值，小世界神经元网络产生随机共振现象。与固定耦合强度相比，STDP 大大加强了网络随机共振的效率（最优的 $Q$ 值大于固定耦合情况下的 $Q$ 值），这可能是由于两种不同耦合的作用机制不同。在自适应耦合情况下，耦合强度的分布是不均匀的，多数突触强度被推向极限值（0 或者 $g_{\mathrm{max}}$）。当一个与其他神经元强耦合的神经元能够在噪声的作用下克服势垒产生放电时，协助与它相连的周围神经元响应外界周期信号。此外，随着 $A_+$ 的增加，共振点明显向右移动。

　　图 4.43（b）给出了不同的 STDP 时间窗 $\tau$ 条件下，小世界神经元网络的线性响应 $Q$ 随噪声强度 $\sigma$ 的变化曲线。结果表明，在固定的 STDP 时间窗 $\tau$ 下，同样存在最优的噪声强度 $\sigma$ 使得系统输出对输入信号的线性响应 $Q$ 达到峰值，小世界神经元网络产生随机共振现象。随着 $\tau$ 的增加，共振点向右移动到较大的噪声强度。然而对于较大的时间窗，如 $\tau = 20$ 和 $\tau = 30$，由于小世界神经元网络的平均耦合强度在 $\tau > 20$ 时达到饱和，所以共振曲线基本重合。

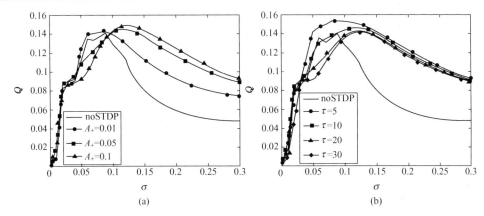

图 4.43 （a）STDP 调节率 $A_+$ 取不同值时，线性响应 $Q$ 随噪声强度 $\sigma$ 的变化曲线
和（b）STDP 时间窗 $\tau$ 取不同值时，线性响应 $Q$ 随噪声强度 $\sigma$ 的变化曲线

进一步推广上述结果，图 4.44（a）给出了二维参数平面 $(\sigma, A_+)$ 内神经元网络的共振系数 $Q$。可见，在固定的调节率作用下，存在使 $Q$ 最大的最优噪声强度带，且随着 $A_+$ 的增加，最优噪声强度带向右移动。此外，图 4.44（b）给出了二维参数平面 $(\sigma, \tau)$ 内神经元网络的共振系数 $Q$。在较小的时间窗作用下，增加时间窗可以引起共振带向右移动，而加大的时间窗对神经系统的共振行为几乎没有影响。

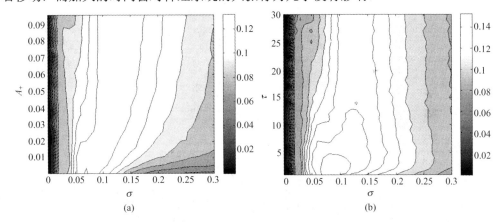

图 4.44 （a）参数平面 $(\sigma, A_+)$ 内神经系统的随机共振系数 $Q$
和（b）参数平面 $(\sigma, \tau)$ 内神经系统的随机共振系数 $Q$

在固定噪声强度下，在 $10^{-3} \sim 10^{-0.5}$ 范围内变化 STDP 调节率 $A$，从而得到不同的平均耦合强度 $\langle g \rangle$。图 4.45 描绘了不同噪声强度下，线性响应 $Q$ 随平均耦合强度 $\langle g \rangle$ 的变化曲线。噪声强度 $\sigma \leqslant 0.08$ 时，存在最优的平均耦合强度 $\langle g \rangle$ 使得系统输出对输入信号的线性响应 $Q$ 达到峰值。然而，在噪声强度 $\sigma \geqslant 0.12$ 时，随着平均耦合强度 $\langle g \rangle$ 的增强，系统的线性响应 $Q$ 迅速下降。可见平均耦合强度对小世界神经元网络随机共振具有重

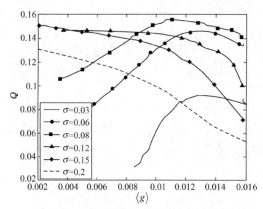

图 4.45　噪声强度 $\sigma$ 取不同值时，线性
响应 $Q$ 随平均耦合强度 $\langle g \rangle$ 的变化曲线

要影响，即小世界神经元网络存在最优的平均耦合强度，使得神经系统对外部阈下信号的动力学响应最优。

为了研究网络拓扑结构对小世界神经元网络随机共振的影响，图 4.46（a）给出了不同重连概率 $p$ 条件下，线性响应 $Q$ 随噪声强度 $\sigma$ 的变化曲线。明显可见，在固定的重连概率 $p$ 下，神经元网络产生随机共振现象。随着重连概率 $p$ 的增大，系统线性响应曲线向左移动。这是因为重连概率 $p$ 越大，小世界网络中的远距离突触数目越多，使得神经元之间的相互联系更紧密，导致系统只需要较小的噪声强度就能诱发随机共振现象。图 4.46（b）给出了线性响应 $Q$ 随噪声强度 $\sigma$ 和重连概率 $p$ 变化的二维图。结果表明，重连概率 $p$ 对神经系统的随机共振现象有重要影响。

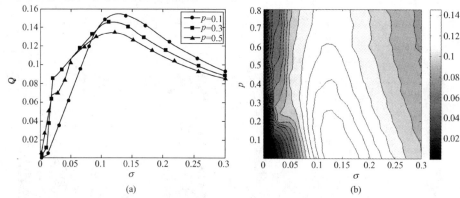

图 4.46　（a）重连概率 $p$ 取不同值时，线性响应 $Q$ 随噪声强度 $\sigma$ 的变化曲线
和（b）参数平面 $(\sigma, p)$ 内小世界神经元网络的随机共振系数 $Q$

STDP 参数对小世界神经元网络随机共振同样有重要影响。图 4.47 分别给出了不同 STDP 调节率 $A$ 和时间窗 $\tau$ 条件下，线性响应 $Q$ 随重连概率 $p$ 的变化曲线。结果表明，对于固定的调节率 $A$ 和时间窗 $\tau$，存在最优的重连概率 $p$ 使得系统输出对输入信号的线性响应 $Q$ 达到峰值。Ozer 在固定耦合强度的小世界神经元网络中发现了类似的现象。另外，随着 STDP 调节率 $A$ 和时间窗 $\tau$ 的增长，线性响应峰值 $Q_{\max}$ 减小。上述结果表明，STDP 和连接结构对小世界神经元网络随机共振具有重要影响。

调节比率 $f_A$ 和时间窗比率 $f_\tau$ 也是决定小世界神经元网络动态耦合强度的重要参数。图 4.48 分别给出了 $f_A$ 和 $f_\tau$ 取不同值时，线性响应 $Q$ 随噪声强度 $\sigma$ 的变化曲线。可见，在任一 $f_A$ 和 $f_\tau$ 值都存在随机共振现象。随着 $f_A$ 的增加，最优噪声强度增大，且神经元网络对外加信号的响应加强了。在 $f_\tau$ 减小的过程中也同样发现了相似的过渡。由此可见，具有显著抑制和小时间窗比率的 STDP 更有利于弱外加信号在小世界神经元网络中的传递。

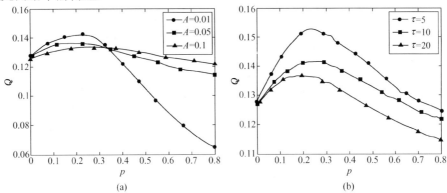

图 4.47　STDP（a）调节率 $A$ 和（b）时间窗 $\tau$ 取值不同时，线性响应 $Q$ 随重连概率 $p$ 的变化曲线

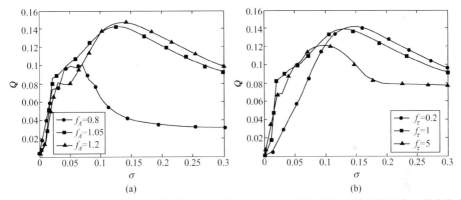

图 4.48　（a）调节比率 $f_A$ 和（b）时间窗比率 $f_\tau$ 取值不同时，线性响应 $Q$ 随噪声强度 $\sigma$ 的变化曲线

下面对比固定耦合强度和自适应耦合强度对于弱信号的检测和传递能力，通过改变固定耦合强度，使系统的平均耦合强度与自适应耦合强度情况下相等。图 4.49 给出了不同噪声强度条件下，线性响应 $Q$ 随固定耦合强度 $g$ 和平均耦合强度 $\langle g \rangle$ 的变化曲线。结果表明，在较小和中等的噪声强度作用下，线性响应 $Q$ 随平均耦合强度 $\langle g \rangle$ 的增强而出现峰值。且在 $\sigma = 0.08$ 时，具有 STDP 的系统的线性响应 $Q$ 大于固定耦合情况。出现这一现象的原因可能是 STDP 的作用，出现了一部分较强的突触强度（$g \geqslant 0.9 \cdot g_{\max}$），增强了神经元网络的兴奋性。类似的结论在小时间窗 $\tau = 5$ 的情况下（见图 4.50）也会出现，但在较小和适中的噪声强度作用下，具有 STDP 的系统随机共振的效率优于固定耦合强度。当噪声强度过大时，系统的线性响应随耦合强度的增大而降低，且两种耦合情况的现象相似。上述结果表明，具有 STDP 的耦合过程可以大大提高小世界神经元网络随机共振的效率，并且效率的作用范围与时间窗密切相关。

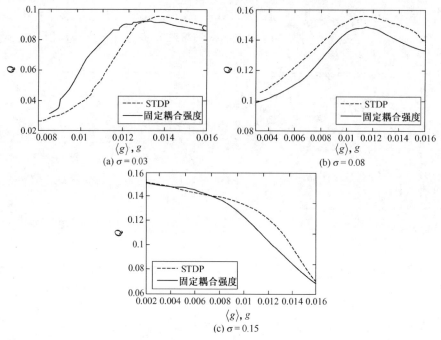

图 4.49　噪声强度 $\sigma$ 取不同值时，线性响应 $Q$ 随固定耦合强度 $g$ 和平均耦合强度 $\langle g \rangle$ 的变化曲线 $(\tau = 20)$

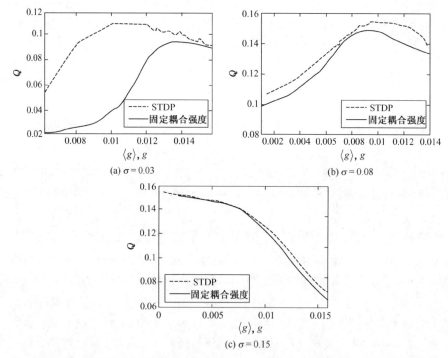

图 4.50　噪声强度 $\sigma$ 取不同值时，线性响应 $Q$ 随固定耦合强度 $g$ 和平均耦合强度 $\langle g \rangle$ 的变化曲线 $(\tau = 5)$

## 4.7.4 STDP 对小世界神经元网络放电规则性的影响

采用 Newman 和 Watts 提出的随机加边方法构造一个包含 $N=100$ 个神经元的小世界神经元网络,网络中的每个神经元节点用 FHN 模型来描述,在噪声的作用下其动力学方程为

$$\varepsilon\dot{V}_i = V_i - V_i^3 / 3 - W_i + I_i^{\text{syn}} + \sigma\xi_i \tag{4.36}$$

$$\dot{W}_i = V_i + a - b_i W_i \tag{4.37}$$

式中, $I_i^{\text{syn}}$ 是耦合项,它描述了神经元 $i$ 的突触电流,具体形式为

$$I_i^{\text{syn}} = -\sum_{j=1(j\neq i)}^{N} g_{ij} C(i,j) s_j (V_i - V_{\text{syn}}) \tag{4.38}$$

式中, $C = C(i,j)$ 是一个 $N \times N$ 的连接矩阵,如果小世界网络中神经元 $i$ 和神经元 $j$ 之间存在连接突触,则 $C(i,j) = C(j,i) = 1$;否则 $C(i,j) = C(j,i) = 0$,且 $C(i,i) = 0$; $V_{\text{syn}}$ 为突触反电势,决定突触类型,本节考虑的突触为兴奋性突触,即 $V_{\text{syn}} = 0$;突触变量 $s_j$ 的动力学描述为

$$\dot{s}_j = \alpha(V_j)(1 - s_j) - \beta s_j \tag{4.39}$$

$$\alpha(V_j) = \alpha_0 / (1 + e^{-V_j / V_{\text{shp}}}) \tag{4.40}$$

式中,突触恢复函数 $\alpha(V_j)$ 为 Heaviside 函数。神经元间的突触耦合强度 $g_{ij}$ 通过 STDP 修正函数 $F(\Delta t)$ 进行调整,该函数定义为

$$\Delta g_{ij} = g_{ij} F(\Delta t) \tag{4.41}$$

$$F(\Delta t) = \begin{cases} A_p \exp(-|\Delta t| / \tau_p), & \Delta t > 0 \\ -A_m \exp(-|\Delta t| / \tau_m), & \Delta t < 0 \end{cases} \tag{4.42}$$

式中, $\Delta t = t_i - t_j$,如果 $\Delta t = 0$,则 $F(\Delta t) = 0$。设定 $A_m / A_p = 1.1$, $\tau_p = \tau_m = 2$。神经元网络中所有突触耦合强度设为 $g_{ij} = g_{\text{max}} / 2 = 0.1$, $g_{\text{max}} = 0.2$ 为耦合强度的上限。其他模型参数为 $\varepsilon = 0.08$, $a = 0.7$, $b_i \in [0.45, 0.75]$, $\beta = 1$, $\alpha_0 = 2$, $V_{\text{syn}} = 0$。仿真采用欧拉算法,步长为 0.05。噪声强度 $\sigma = 0$ 时,网络中所有神经元处于阈下振荡状态。

图 4.51 给出了不同噪声强度 $\sigma$ 条件下,小世界网络中所有神经元的放电时间分布。明显可见,噪声强度的大小对网络中神经元的放电节律有重要影响。当噪声强度较弱时,如 $\sigma = 0.05$,所有神经元只能随机地超过放电阈值而产生动作电位,且分布较为稀疏,如图 4.51(a)所示;当噪声强度适中时,如 $\sigma = 0.11$,神经元的动作电位序列趋于规则化,接近周期放电,如图 4.51(b)所示;而当噪声强度过大时,如 $\sigma = 0.3$,

动作电位序列的规则性又会被破坏，如图 4.51（c）所示。由图 4.51 可以看出，只有在合适的噪声强度下，神经元才会产生规则性放电响应，而过强的噪声则会使神经元动作电位的时间规则性变差，这表明具有 STDP 的小世界神经元网络中可能存在非线性相干共振现象。

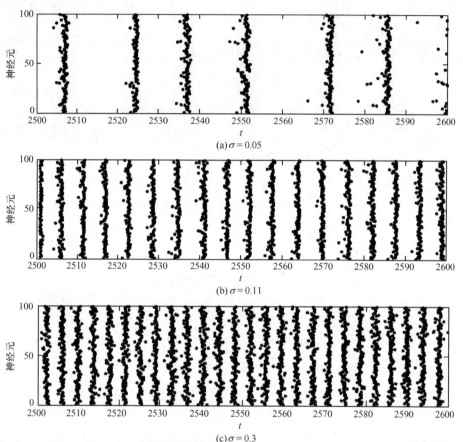

图 4.51　不同噪声强度 $\sigma$ 对应的神经元放电时间分布

为了定量描述随机噪声对神经动力学行为的影响，可以计算系统输出的规则性，其计算公式为

$$S_i = \left\langle T_i^k \right\rangle_t / \sqrt{\mathrm{Var}(T_i^k)} \qquad (4.43)$$

$$S = \frac{1}{N} \sum_{i=1}^{N} S_i \qquad (4.44)$$

式中，$T_i^k = t_i^{k+1} - t_i^k$ 为放电间隔，$t_i^k$ 为第 $i$ 个神经元第 $k$ 个放电时刻，$\left\langle T_i^k \right\rangle_t$ 是时间平均。$S$ 越大，神经系统放电规则性越好。

图 4.52(a)给出了不同 STDP 调节率 $A_p$ 条件下,放电规则性 $S$ 随噪声强度 $\sigma$ 的变化曲线。结果表明,在固定的 STDP 调节率 $A_p$ 下,存在最优的噪声强度 $\sigma$ 使得系统输出放电规则性 $S$ 达到峰值,小世界神经元网络产生相干共振现象。另外,随着调节率 $A_p$ 的增大,系统的放电规则性曲线向下移动,这是因为随着调节率的增大,系统的平均耦合强度降低,导致其放电规则性变差。图 4.52(b)给出了二维参数平面$(\sigma, A_p)$内小世界神经元网络的放电规则性系数 $S$。结果表明,存在最优的噪声强度使得系统产生相干共振现象,且较大的 STDP 调节率会抑制系统的放电规则性。

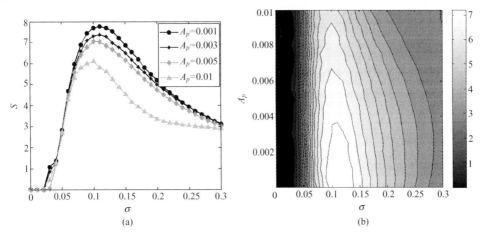

图 4.52 (a)STDP 调节率 $A_p$ 取不同值时,放电规则性 $S$ 随噪声强度 $\sigma$ 的变化曲线
和(b)参数平面 $(\sigma, A_p)$ 内小世界神经元网络的放电规则性系数 $S$

下面研究网络拓扑结构对小世界神经元网络放电规则性的影响。图 4.53(a)刻画了不同的重连概率 $p$ 条件下,放电规则性 $S$ 随噪声强度 $\sigma$ 的变化曲线。明显可见,当重连概率 $p=0$ 时,放电规则性 $S$ 随着噪声强度 $\sigma$ 的增强而变好;当 $p>0$ 时,存在最优的噪声强度使得系统输出放电规则性最优,随着重连概率 $p$ 的增加,规则性系数曲线向左移动,且最大规则性系数增大。图 4.53(b)给出了不同噪声强度 $\sigma$ 条件下,放电规则性 $S$ 随重连概率 $p$ 的变化曲线。结果表明,对于固定的噪声强度,存在最优的重连概率 $p$ 使得网络的放电规则性最大。随着噪声强度的增大,规则性曲线向左移动,且放电规则性峰值 $S_{max}$ 有减弱趋势。

图 4.54 给出了二维参数平面 $(\sigma, p)$ 内小世界神经元网络的放电规则性系数 $S$,在较小的重连概率 $p$ 时,噪声强度会一直促进神经系统放电的规则性;但是随着重连概率 $p$ 的继续增加,会出现最优的噪声强度使得系统的放电规则性最大。另外,在噪声强度适中和较大时,同样存在最优的重连概率使得网络的放电最规整。

为了研究 STDP 对小世界神经元网络放电规则性的影响,图 4.55(a)给出了不同的 STDP 调节率 $A_p$ 条件下，放电规则性 $S$ 随重连概率 $p$ 的变化曲线。明显可见，对于固定的调节率 $A_p$，存在最优的重连概率 $p$ 使得网络的放电规则性最好。然而，对于较大的调节率，系统则需要更多的突触使得整体的放电规则性达到最大值，且峰值 $S_{max}$ 有下降趋势。这是因为随着调节率的增大，系统的平均耦合强度降低，系统需要更多的突触连接来使平均耦合强度保持在相干共振的水平，因此曲线向右移动。同样，给出了参数平面 $(p, A_p)$ 内小世界神经元网络的放电规则性系数 $S$。结果表明，对于任意调节率 $A_p$，重连概率 $p$ 都会引发网络的相干共振现象，但是最优的重连概率会随着调节率的增大而降低。

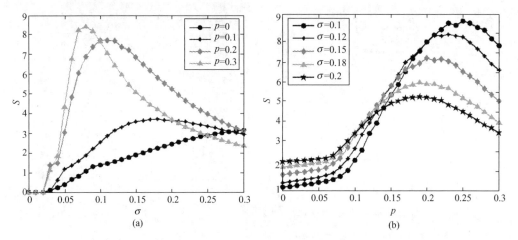

图 4.53 （a）重连概率 $p$ 取不同值时，放电规则性 $S$ 随噪声强度 $\sigma$ 的变化曲线和（b）噪声强度 $\sigma$ 取不同值时，放电规则性 $S$ 随重连概率 $p$ 的变化曲线

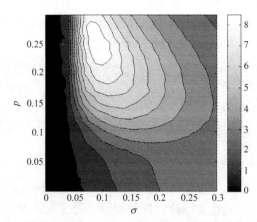

图 4.54 参数平面 $(\sigma, p)$ 内小世界神经元网络的放电规则性系数 $S$

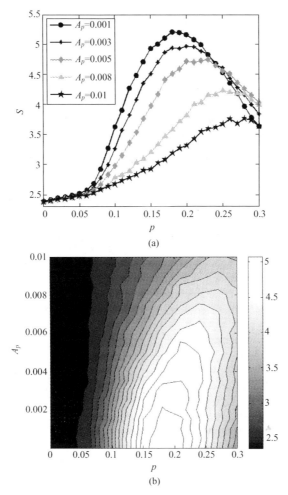

图 4.55　（a）STDP 调节率 $A_p$ 取不同值时，放电规则性 $S$ 随重连概率 $p$ 的变化曲线
和（b）参数平面 $(p, A_p)$ 内小世界神经元网络的放电规则性系数 $S$

## 4.8　讨论与小结

　　突触是两个神经元之间或神经元与效应器细胞之间相互接触，并借以传递信息的部位。本章系统地研究了基于突触的神经元网络共振现象，研究发现，带有混合突触的神经元网络对于局部刺激化学突触比电突触在信息传递上更有效率。此外，研究结果表明小世界网络中化学突触越多，振动共振越容易发生。在混合突触小世界神经元网络随机共振现象中，随着网络中化学突触概率的增大，较小强度的噪声刺激就能引发系统产生随机共振现象。而随着噪声强度的增大，神经系统需要较少的化学突触就

能使其对阈下起搏器的响应达到最佳。由于电突触和化学突触的作用机制不同，化学突触只有在突触前神经元放电时才会起作用，而电突触的耦合作用一直存在。化学耦合使小振荡的神经元相互独立并提供给它们更多机会产生放电。一旦放电，它将驱使其他神经元同步放电。然而对于电耦合，阈下振荡神经元之间强烈的同步导致振荡幅值减小，从而增加放电阈值，故两者在小世界网络随机共振中起着相反的作用。

　　突触可塑性是指在不同环境噪声刺激下突触的结构和功能发生适应性改变的过程，它会影响神经元网络结构和动力学。数值结果表明，与固定耦合强度相比，突触可塑性能够大大加强网络随机共振的效率，突触可塑性的参数对小世界神经元网络随机共振同样有重要影响。具有突触可塑性的耦合过程可以大大提高小世界神经元网络随机共振的效率，并且效率的作用范围与时间窗密切相关。突触可塑性同样会影响网络的放电规则性，存在最优的噪声强度使得系统产生相干共振现象，且较大的突触可塑性调节率会抑制系统的放电规则性。

　　因此，突触对神经元网络共振具有重要意义，对带有混合突触和突触可塑性的神经元网络共振的研究能够帮助人们更好地理解真实大脑中的信息筛选、传递等重要的生理活动。

## 参 考 文 献

[ 1 ] Ivanchenko M V, Osipov G V, Shalfeev V D, et al. Phase synchronization of chaotic intermittent oscillations. Phys Rev Lett, 2004, 93: 134101.

[ 2 ] Perc M, Gosak M. Pacemaker-driven stochastic resonance on diffusive and complex networks of bistable oscillators. New J Phys, 2008, 10: 053008.

[ 3 ] Watts D J, Strogatz S H. Collective dynamics of "small-world" networks. Nature, 1998, 393: 440-442.

[ 4 ] Barabási A L, Albert R. Emergence of scaling in random networks. Science, 1999, 286: 509-512.

[ 5 ] Perc M. Stochastic resonance on weakly paced scale-free networks. Phys Rev E, 2008, 78: 036105.

[ 6 ] Milo R, Shen-Orr S, Itzkovitz S, et al. Network motifs: simple building blocks of complex networks. Science, 2002, 298: 824.

[ 7 ] Song S, Sjostrom P J, Reigl M, et al. Highly nonrandom features of synaptic connectivity in local cortical circuits. PLoS Biol, 2005, 3: e68.

[ 8 ] Reigl M, Alon U, Chklovskii D B. Search for computational modules in the C. elegans brain. BMC Evol Biol, 2004, 2: 25.

[ 9 ] Sporns O, Kotter R. Motifs in brain networks. PLoS Biol, 2004, 2: e369.

[10] Alon U. Simplicity in biology. Nature , 2007, 446: 497.

[11] Prill R J, Iglesias P A, Levchenko A. Dynamic properties of network motifs contribute to biological network organization. PLoS Biol, 2005, 3: e343.

[12] Li C G, Guo D Q. Stochastic and coherence resonance in feed-forward-loop neuronal network motifs. Phys Rev E, 2009, 79: 051921.

[13] Ramón Y, Cajal S. Textura del Sistema Nervioso del Hombre y de los Vertebrados// Translation: Texture of the Nervous System of Man and the Vertebrates. New York: Springer, 1899.

[14] Perc M. Stochastic resonance on excitable small-world networks via a pacemaker. Phys Rev E, 2007, 76: 066203.

[15] Wang Q Y, Lu Q S. Time delay-enhanced synchronization and regularization in two coupled chaotic neurons. Chin Phys Lett, 2005, 3: 543.

[16] Rossoni E, Chen Y H, Ding M Z, et al. Stability of synchronous oscillations in a system of Hodgkin-Huxley neurons with delayed diffusive and pulsed coupling. Phys Rev E, 2005, 71: 061904.

[17] Wang Q Y, Duan Z S, Perc M, et al. Synchronization transitions on small-world neuronal networks: effects of information transmission delay and rewiring probability. Europhys Lett, 2008, 83: 50008.

[18] Guo D, Wang Q Y, Perc M. Complex synchronous behavior in interneuronal networks with delayed inhibitory and fast electrical synapses. Phys Rev E, 2012, 85: 061905.

[19] Perc M, Marhl M. Amplification of information transfer in excitable systems that reside in a steady state near a bifurcation point to complex oscillatory behavior. Phys Rev E, 2005, 71: 026229.

[20] Wang Q Y, Perc M, Duan Z S, et al. Delay-enhanced coherence of spiral waves in noisy Hodgkin-Huxley neuronal networks. Phys Lett A, 2008, 372: 5681-5687.

[21] Wang Q Y, Perc M, Duan Z S, et al. Delay-induced multiple stochastic resonances on scale-free neuronal networks. Chaos, 2009, 19: 023112.

[22] Wang Q Y, Perc M, Duan Z S, et al. Spatial coherence resonance in delayed Hodgkin-Huxley neuronal networks. Int J Mod Phys, 2010, 24: 1201-1213.

[23] Gan C B, Wang Q Y. Delay-aided stochastic multiresonances on scale-free FitzHugh-Nagumo neuronal networks. Chin Phys B, 2010, 19: 040508.

[24] Wang Q Y, Perc M, Duan Z S, et al. Synchronization transitions on scale-free neuronal networks due to finite information transmission delays. Phys Rev E, 2009, 80: 026206.

[25] Wang Q Y, Perc M, Duan Z S, et al. Impact of delays and rewiring on the dynamics of small-world neuronal networks with two types of coupling. Physica A, 2010, 389: 3299-3306.

[26] Wang Q Y, Chen G R, Perc M. Synchronous bursts on scale-free neuronal networks with attractive and repulsive coupling. PLoS ONE, 2011, 6: e15851.

[27] Yu H T, Wang J, Liu Q X, et al. Delay-induced synchronization transitions in small-world neuronal networks with hybrid synapses. Chaos Solitons Fractals, 2012, 8(8): 78-96.

[28] Izhikevich E M. Simple model of spiking neurons. IEEE Trans Neural Networks, 2003, 14: 1569-1572.

[29] Bazhenov M, Timofeev I, Steriade M, et al. Model of thalamocortical slow-wave sleep oscillations and transitions to activated states. J Neurosci, 2002, 22: 8691-8704.

# 第 5 章　共振对神经信息编码与传递的影响

## 5.1　引　　言

在物理学上，共振是指系统受外界激励做强迫振动，当外界激励的频率接近于系统频率时，强迫振动以最大振幅振动的现象。

随机共振现象是指一定强度的噪声能够优化非线性系统对阈下周期信号的响应。近年来的实验研究表明，随机共振能够改善一些生理功能。在实际的神经元网络中，外部刺激的作用通常比较弱，但由于神经元网络存在噪声，在噪声的作用下，弱外部刺激信号能够得到有效放大，从而能够在神经元网络中有效地传输。而且噪声除了对周期信号的增强作用，其对非周期信号的作用即非周期随机共振现象也得到了广泛的研究，科学家同时发现了由延迟引发的多随机共振现象。此外，有研究表明在众多拓扑结构不同的网络中存在着一个最优配置的网络，使得随机共振现象最为显著。

当系统受到两种不同频率信号的影响，高频周期信号加强弱低频信号传导的现象，称为振动共振（VR）现象。已有研究表明，在兴奋性系统中，混沌信号或者高频周期信号可以代替噪声，促进低频信号的传导。不同频率的信号共同存在的现象在很多领域尤其在脑活动中是极其普遍的，例如，在大脑中神经元集群可以表现出两种完全不同的时间尺度的活动。此外，有研究表明高频信号能增加脑细胞对药物的吸收，加速骨骼的愈合、肌肉的修复以及增加微生物的降解等。

前馈神经元网络结构是神经系统中最普遍的结构之一，前馈神经元网络的每一层分别和一个神经元功能组对应，信息在前馈神经元网络中是逐层传递的，即从前一层传递到后一层。研究前馈神经元网络对于揭示人脑中信息的传导具有重要意义。

## 5.2　神经电信息传导的前馈网络模型

振荡的兴奋性系统的神经信息的进程和传导已经引起了人们极大的研究兴趣。脑、感官以及运动系统的模块化和层次结构构成前馈网络（forward feedback network, FFN），其特征在于，在处理和传递神经信息时具有巨大潜力。在分层网络中的每个层对应于一个具有特殊功能的神经元集群，神经信息从一层传送到另一层[1-4]。累积的证据也表明在海马和新皮质的网络中基本活动传导的前馈机制[5-8]。有关 FFN 的研究重点主要针对神经编码。通过对前馈神经元网络自身属性的研究发现，为了避免局部的随机连接破坏整个网络的持续行为，网络中个别神经元之间的连接或者连接强度具有优先权。此外，每一层中神经元的数目以及层与层之间的突触强度对前馈神经元网络的动力学特性都会产生影响，神经元数目过多会导致前馈神经元网络不稳定。特别是，有关放电率和瞬态同步传导的问题已经有了理论研究[9-16]（见文献[13]）和实验支撑[17]。沿前馈结构的同步放电的传导为在灵长类动物[18-19]实验中观察到与任务相关的精确放电模式提供了一种可能的解释。另外，异步放电率可通过 FFN 阈下限参数制度[9]传导，其被发现与神经元的空间相干性[17]相关。

神经振荡的放电规则性往往与各个模块时钟有关，也与许多认知任务紧密相关，例如，感知、记忆的形成和神经编码[20-23]。实验和大规模网络仿真的研究表明，在各个大脑不同区域和神经元网络的放电活动表明不同级别时间规则性[24-27]。这种差异可能来自于每个独立神经元的膜的特性，或是神经元网络的电路特性，或这两者的组合。

近年来，放电活动的短时规则性在单神经元和神经元集群的水平得到了广泛的研究。从膜性能的角度来看，阻断任一钾离子或钠离子通道的一些部分，能够调节单个神经元[28-29]的放电规则性或阵列耦合[30]、Newman-Watts[31]、无标度[32]和集群网络[33]。一个良好的研究现象——相干共振（CR）表明，兴奋的系统可以在无须任何外加激励的情况下[34-37]，达到优化时间相干性利用有限的噪声强度，其中外部噪声对可塑性放电规则可以有突出的建设作用。最近，这种兴趣的研究前沿已经转移到网络拓扑的影响。耦合的 FFN 神经元里有阵列增强相干共振（arry-enhanced coherence resonance，AECR）[38]，表明除了噪声，突触耦合强度可以是 CR 的另一个调节参数。Ozer 等[39]在小世界网络中研究了 HH 神经元的集群放电率，并表明随机添加的最佳数目和一定等级的噪声强度可以得到最大时间相干性，并且这个最大时间相干性和阈下周期电流是否存在无关。Li 等[40]在有色噪声影响的 FHN 神经元研究其放电振荡规则，证明在中间的噪声水平下，在小世界网络的规则性比其在普通神经元网络中更高。此外，在一个最佳的网络配置和最佳的系统大小的情况下，在这两者集体活动的最大规则性能够实现[41-42]。

强调放电率的传递和瞬时同步，以前的理论研究是关于独立的 FFN，却忽视了集群的放电规则的传导，特别是与拓扑相关的跨连续层的时空变化规则，即使它已经在其他网络结构中成为一个被广泛讨论的话题。在目前的工作中，本章的研究目的是解决上述问题，同时对网络拓扑结构中的作用给予特别的关注，特别是连接概率和耦合强度。此外，突触的特性，包括突触动力学、抑制连接以及可塑性的影响作用也是讨论的内容。

## 5.3　前馈网络时间传导规则

本节首先指定单个神经元、突触以及 FFN 模型，描述了用于表征神经元的动作电位序列的方法。然后研究集群放电规则，考虑网络和网络的拓扑结构对放电规则的影响。

### 5.3.1　FHN 前馈网络模型

#### 1.　网络模型

发散-收敛的多层 FFN 的特征以及连续层的构成如图 5.1 所示，它在研究感官的时空编码[43]时已被广泛地用作一般的框架，每一层都包含了 200 个通过 Izhikevich 模型[44]描述的 RS 神经元。相邻层之间的连接性是通过随机的连接概率 $P$ 衡量的。网络的数学描述为

$$\frac{\mathrm{d}v_{i,j}}{\mathrm{d}t} = 0.04v_{i,j}^2 + 5v_{i,j} + 140 - u_{i,j} + I_{i,j}^{\mathrm{syn}} \tag{5.1}$$

$$\frac{\mathrm{d}u_{i,j}}{\mathrm{d}t} = a(bv_{i,j} - u_{i,j}) + D\xi_{i,j} \tag{5.2}$$

重置规则：如果 $v_{i,j} \geq 30\mathrm{mV}$ ，则

$$\begin{cases} v_{i,j} \leftarrow c \\ u_{i,j} \leftarrow u_{i,j} + d \end{cases} \tag{5.3}$$

式中，$i$ 和 $j$ 分别表示层序号和神经元序号；$v$ 是膜电位，其单位是毫伏；$u$ 是膜恢复变量，与钾离子的激活以及钠离子电流的失活量有关。$(a,b,c,d)$ 的适当组合能产生很多类型的放电模式[44]。这里使用 RS 模式 $(a = 0.02, b = 0.2)$ 。考虑到神经元之间的异质性的存在，参数 $c$ 和 $d$ 分别随机和均匀地分布在[−70, −60] 和[7, 9] 范围内。

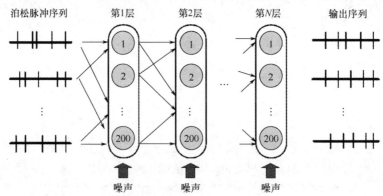

图 5.1　FFN 的示意图

每一层包括 200 个 Izhikevich RS 神经元，每一层之间的连接是随机连接，连接概率为 $P$。第一层通过泊松脉冲序列驱动，并且所有神经元都受到独立的高斯噪声干扰

#### 2.　突触模型

建立突触模型时，将多种生物真实突触逆转电位串联作为电导，作为独立的突触输入（见图 5.2）。瞬时电导变化为突触内核的放电序列的卷积，它决定被输送到突触后神经元的详细突触动力学。此层神经元的总突触电流可以描述为

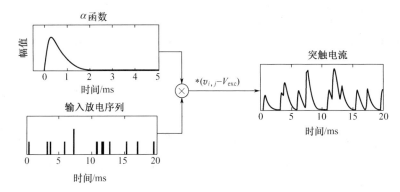

图 5.2　形成突触电流波形（突触电导瞬态卷积 $\alpha$ 函数功能与突触前放电序列）

$$I_{i,j}^{\text{syn}} = -\sum_{k=1}^{N_{\text{syn,exc}}} w_{\text{exc},0}\alpha(\tau_{\text{exc}},t_{i-1,k})(v_{i,j}-V_{\text{exc}}) - \sum_{l=1}^{N_{\text{syn,inh}}} w_{\text{inh},0}\alpha(\tau_{\text{inh}},t_{i-1,l})(v_{i,j}-V_{\text{inh}}) \quad (5.4)$$

式中，$N_{\text{syn,exc}}$ 和 $N_{\text{syn,inh}}$ 分别是兴奋性和抑制性突触的总数；$w_{\text{exc},0}$ 和 $w_{\text{inh},0}$ 分别表示兴奋性和抑制性突触强度；兴奋性突触 $V_{\text{exc}}=0\text{mV}$，抑制性突触 $V_{\text{inh}}=-80\text{mV}$。突触内核由下述 $\alpha$ 公式描述[45]：

$$\alpha(t) = (t/\tau)\text{e}^{-t/\tau} \quad (5.5)$$

基本的突触时间常数设定为 $\tau_{\text{exc}}=\tau_{\text{inh}}=0.3\text{ms}$，这与猫的视觉皮层[46]的皮质切片实验报告一致。其他时间常数也包括在下面的工作中，进而探讨这个参数对网络动态的影响。

3. 突触可塑性模型

一般情况下，在实际系统中的神经突触耦合强度不是恒定的，而是在不同的规则下有一定的可塑性术语。一种被充分研究的可塑性类型 STDP，描述由动作电位前和突触后神经元的精确定时，其影响突触强度[47]变化的幅度和方向。这里只为兴奋性突触引入 STDP，因为对于单一类型的抑制性突触，STDP 规则无广泛共识[48-50]。突触前在突触后之前放电导致长时程增强；与此相反，如果突触前放电在突触后放电之后到达，则突触被抑制。对于突触前神经元 $i$ 的和突触后神经元 $j$ 的放电时间 $t_i$ 和 $t_j$，突触公式 $\Delta w_{ij}$ 为

$$\Delta w_{ij} = \begin{cases} A_p w_{\text{exc},0} e^{-\Delta t/\tau_p}, & \Delta t > 0 \\ 0, & \Delta t = 0 \\ -A_d w_{\text{exc},0} e^{\Delta t/\tau_p}, & \Delta t < 0 \end{cases} \quad (5.6)$$

式中，$\Delta t = t_j - t_i$。$A_p\tau_p$ 和 $A_d\tau_d$ 分别描述 LTP 和 LTD 的强度。$A_p\tau_p > A_d\tau_d$，表示增强作用占主导地位，$A_p\tau_p < A_d\tau_d$，表示抑制作用更强。时间常数分别是 $t_p=16.8\text{ms}$ 和 $t_d=33.7\text{ms}$[51]。这里，激励和抑制的最大值分别是 $A_p=0.78$ 和 $A_d=0.38$，这保证了 LTP

和 LTD 的平衡[52]。突触强度的相对变化的假定前提是突触前神经元和突触后神经元彼此的间隔是相同的。$\omega_{ij} + \Delta\omega_{ij} / 60 \to \omega_{ij}$，这和 Lee 等[53]的研究是一致的。

### 4. 刺激

网络受到噪声干扰的情况。噪声主要来自热变化、离子通道的活动，并且不相关的突触输入[38]。因此，除了所述第 1 层是泊松刺激供给，网络中的所有神经元都是通过高斯噪声驱动的。在式（5.2）中，参数 $D$ 控制外力 $\xi$，这被假设为高斯振幅增量相关的零均值和单位方差 $< \xi(t)\xi(t') >= s(t - t')$。

### 5. 统计分析

通过引进香农信息熵直接和量化的指标信息[54]，用它来测量神经元的放电活动的时间规则。最后，一个神经元的放电序列被转换成连续的序列峰峰间隔（inter-spike interval sequence，ISIs）$\{\Delta t_1, \Delta t_2, \cdots, \Delta t_N\}$，然后这些分布式序列峰峰在恒定数时间分配（详细请见文献[55]），以便生成概率分布直方图。因此，信息熵表示为

$$H = -\sum_{k=1}^{K} P(\text{ISI}_k) \log_2 P(\text{ISI}_k)(\text{bit} / \text{次}) \tag{5.7}$$

式中，$P(\text{ISI}_k)$ 为 ISIs 第 $k$ 个概率，$k$ 是所描述的时间的总数，所有的结果都是 $k = 35$。事实上，$k$ 在一个很宽的范围内变化，性能指标也不改变。尤其是，当 $P(\text{ISI}_k) = 0$ 时，$P(\text{ISI}_k) \log 2 P(\text{ISI}_k)$ 也是 0，则极限是

$$\lim_{p \to 0_+} P \log(P) = 0 \tag{5.8}$$

$H$ 的值越小，放电活动越频繁，时钟状图案产生 $H = 0$。作为在某一层集群放电规则性的一个指标，使用在这一层所有的神经元的平均熵。

对于相关系数的计算，需测量 ISIs[56]中的统计依存关系。顺序的相关性被表示为

$$\rho_j = C_j / \sigma^2 \tag{5.9}$$

$$C_j = E[(\Delta t_i - \mu)(\Delta t_{i+j} - \mu)], \quad j = 1, 2, \cdots \tag{5.10}$$

式中，$\mu$ 代表 ISIs 的平均值；$\sigma^2$ 代表方差。为了用单一指标量化这个时间相关性，介绍特征相关时间如下：

$$\tau_c = \sum_{j=1}^{\infty} \rho_j^2 \tag{5.11}$$

事实上，为了序号 $j$ 的上限被替换为一个有限值，因为相关函数衰减到与顺序增加渐近为零。同样，平均值 $t_c$ 衡量用在某一特定层的所有神经元的时间相关性。

### 6. 仿真程序

所有的程序仿真都在 MATLAB 环境下进行。式（5.1）和式（5.2）都用欧拉法进行计算，时间步长为 0.1ms。所有神经元的初始膜电位都在[–70mV,–60mV]范围内随机

且均匀地选取。选取 $r = 0.1$，$H = 4.76\text{bit}/$次。作为更新过程的一个特例，有 ISIs 的输入中没有时间相关性（$t_c = 0$）。仅考虑静止的反应，剔除在第一个 50ms 内产生的数据。

## 5.3.2　在有噪声的 FFN 中与拓扑结构相关的相干共振行为

连接的数量和突触耦合的强度是 FFN 中两个关键拓扑参数，它们确定活动传导（同步编码或编码速率）[13]。下面系统地介绍这两个参数如何影响集群放电规则性的传导。

首先着眼于放电规则性传导对连接概率的依赖性，噪声强度 $D = 1$。这里只考虑兴奋性突触，耦合强度和突触时间常数分别为 $w_{\text{exc},0} = 0.2$ 和 $\tau_{\text{exc},0} = 0.3$。FFN 中的连接概率 $P$ 如图 5.3（a）所示，连接概率很小（$P < 0.12$）或是很大（$P > 0.3$）时，不规则放电能被传递，可以从层持续到层，同时保持时间相干性几乎没有变化。另外，对于中间值，放电模式变得越来越普通，其网络活动被传导到后层。最终，时间规则性的程度可能会达到饱和值，这是由于在深层形成了同步。图 5.3（b）给出了一个更加直观的插图，可以看出，每层集群的放电规则性对连接概率 $P$ 展示出共振特性。此外，在更深的层中产生的共振现象比在前述的层明显。有趣的是，在不同的层最佳值，其中产生的最大时间规则性稍有不同，例如，更深层的最大时间规则性可以用一个更小的值来实现。

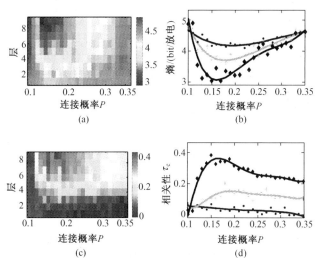

图 5.3　连接概率 $P$ 对放电规则传导的影响

(a)（b）为时间规则性的函数，其中每一层的放电规则由平均信息熵量化。(a) 彩色频谱图；
(b) 曲线表示第 2 层、第 4 层、第 8 层中给出的示例。(c)（d) 在连接概率相关每一层的特性
相关时间 $\tau_c$。(c) 彩色频谱图；(d) 曲线表示第 2 层、第 4 层、第 8 层中给出的示例

下面研究连接概率如何使相关时间变化。在图 5.3 中，如图 5.3（c）和图 5.3（d）所示，随着 $P$ 的增加，每一层的 $\tau_c$ 都会达到一个峰值，说明其中 ISIs 最大程度的相互依存关系的存在。值得注意的是，$P$ 的值给出最大特征的相关性关联最佳的一种为时

间规则性 $\tau_c$，这几乎是一致的。因此，这表明放电规则和序列相关性之间有着密切的关系：经常放电活动通常对应于相邻峰值之间较强的时间相关性。

当连接概率 $P$ 比较小的时候，稀疏的连接导致较弱的突触前电流，因此膜电位展示振幅较小的振荡，这主要由噪声的瞬间波动造成。因此，每一层的放电活动表明不规则和相干缺失。当连接概率 $P$ 比较大的时候，紧密的连接导致较大的突触后电流，这会导致突触后神经元产生簇放电（burst spiking，BS）。除此之外，这使得 FFN 对噪声更加敏感，所以不规则的网络活动能使后续层持续和放大。当连接概率处于中间值时，不同神经元的突触前电流有一个较强的短时相干性。所以集群的放电特性变得越来越规则，并且信号在后续层中传导。对于共振来说，以前的研究表明外界的噪声影响网络活动，调制噪声强度可以使系统的动态性能达到最优解。通过对比，这里所说的放电活动的传导是指修正噪声的强度改变一个拓扑结构的参数，以求得达到系统最优放电规则时 $P$ 的值。换句话说，FFN 的类似共振的行为与拓扑结构的参数有关，而不是通常所讨论的噪声强度。

前部揭示 CR 的一个特殊的变化是相对于连接概率，它强调了网络拓扑的结构对放电活动的时间相干性的重要作用。一个相关的问题是：在 FFN 中，也存在取决于耦合强度类似哪种共振的行为。其实，Guo 等提出将突触强度作为控制参数，对前馈回路网络结构[57]的随机动态产生重要影响。这里介绍这些因素对 FFN 集群放电规则性的传导如何影响。其他参数的选择为 $D=1, \tau_{exc,0}=0.3, P=0.15$，图 5.4 展示了兴奋性突触强度对网络活动的影响。类似于连接导概率的效果，一系列 $w_{exc,0}$ 中间值的增强时间规则性的传导（见图 5.4(a)）。显示了每层对耦合强度而言出现的相干共振现象（见图 5.4(b)）。

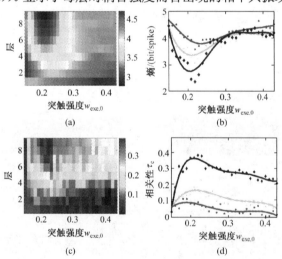

图 5.4　兴奋性突触强度 $w_{exc,0}$ 对放电规则传导的影响

(a)(b)为时间规则性的耦合强度 $w_{exc,0}$ 的函数。(a)彩色频谱图；(b)曲线表示第 2 层、第 4 层、第 8 层中给出的示例。(c)(d)为特征相关时间 $\tau_c$ 的相关每一层上的 $w_{exc,0}$。

(c)彩色频谱图；(d)曲线表示第 2 层、第 4 层、第 8 层中给出的示例弱耦合降低突触电流的驱动效率，因此偶然放电峰值是由高斯噪声主要触发的。这意味着，弱耦合 FFN 对应于每一层相当不规则的放电模式。更重要的是，在 ISIs 中缺少相关性（见图 5.4（c）和图 5.4（b））。另外，过于强烈的耦合在突触前放电赋予突触过高的效率，使得 FFN 对原来的泊松输入以及环境噪声非常敏感。因此，原来的不规则性（泊松）可以很好地维持在下游层。类似的发现已表明，Guo 等[57]的结论是，由于强耦合的影响，噪声引起的 CR 行为可能甚至消失在某些类型的网络中。$w_{\mathrm{exc},0}$ 的中间值不仅可以保证突触输入的传动效率，而且带来了适当的时间相关性的突触电流，并且没有任何剧烈的波动，从而为整个 FFN 增加经常性的放电活动的传导提供基础。

为了在连接概率层面提供一个网络动力学上的全景视角，应使兴奋性突触强度在一个大的参数空间，系统地改变两个参数，而且特别地集中观察第 6 层的放电活动。为了避免在稀疏连接和弱耦合的情况下放电在深层消失，取 $D = 2$ 的噪声强度。图 5.5（a）和图 5.5（b）分别说明在不同的参数组合条件下第 6 层的集群放电规则和相关的时间特点。值得注意的是，对于某些特定的连接概率，最大的集群放电展示了类似共振的行为相对于耦合强度，反之亦然。CR 的新的类型取决于两个拓扑参数，在本节中被称为双拓扑依赖性谐振，以与传统的噪声引起的 CR 区分。

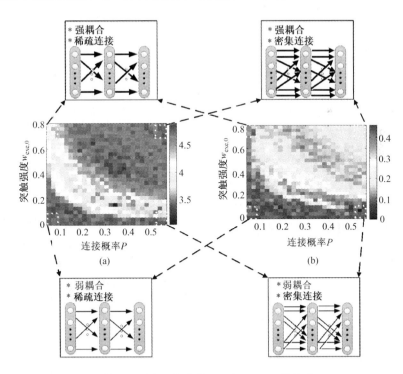

图 5.5　两个网络参数（$P$ 和 $w_{\mathrm{exc},0}$）的影响

（a）第 6 层连接概率 $P$ 和突触强度 $w_{\mathrm{exc},0}$ 的集群时间规则性；（b）第 6 层的功能和平均特性的相关性。插图显示了前馈网络架构，其中，"强/弱耦合"和"高密度线/稀疏连接"表示耦合强度和相邻层之间的连接概率，分别为 4 种极端情况

研究发现，密集连接产生最大时间规则性的耦合强度值较小，反之亦然，反映了FFN 中编号与连接强度的等价性。

基于网络活动（在单个神经元的水平上集群活动的同步性和规则性放电）的动力状态，把图 5.5 所示的参数空间在图 5.6 中分为 4 个区域。特别指出，稀疏和弱连接的FFN（Ⅰ区标示在图 5.6 中）、密集和强连通 FFN（Ⅳ区标示在图 5.6 中），放电模式可能是相当不规则的。然而，两种情况之间存在根本的区别，因为相比于图 5.7（a）和

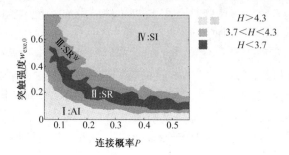

图 5.6　第 6 层动力特性的示例相图

这里根据不同的动力划分独立的区域。参数区Ⅰ～Ⅳ分别对应异步不规则（AI）、同步定时（SR）、弱定期同步（SRW）和同步不规则（SI）的网络活动。特别是，Ⅲ区是不规则的放电相对正常的过渡

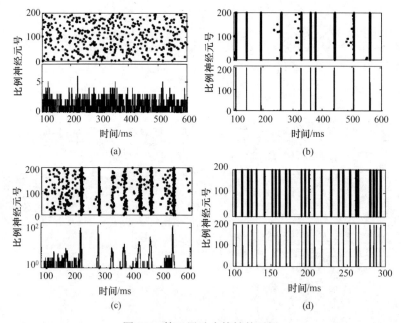

图 5.7　第 6 层动力特性的示例

（a）AI 状态，$p = 0.1$，$w_{exc,0} = 0.1$，$H = 4.645$；（b）SR 状态，$p = 0.35$，$w_{exc,0} = 0.20$，$H = 3.216$；

（c）弱定期同步的状态，$p = 0.10$，$w_{exc,0} = 0.50$，$H = 4.004$；（d）SI 的状态，$p = 0.45$，$W_{exc,0} = 0.50$，

$H = 4.628$。在每个部分，上部表明时空放电状态（横向的时间和纵向的节点），下部描述的是集群放电速率

图 5.7（d）。在图 5.7（a）的情况下，不规则的活性是以异步方式（asynchronous irregular，AI）从一层传送到另一层。而对于图 5.7（b），不规则活性被同步的装置（synchrony irregular，SI）传导到下游层。换句话说，无论空间相干性如何，不规则放电活动既能取决于同步和速率的信号。然而，普通放电模式携带同步放电（图 5.6 II 和III）。时空放电模式分别如图 5.7（a）和图 5.7（b）所示。AR（asynchronous regular）的状态不存在于本节考虑的 FFN 情况。此外，以前对随机网络的研究也从未显示过 AI 状态的存在[25,58]。

### 5.3.3　突触特性对放电规则的影响

突触的动力学特征在于，基于电导的突触的时间常数决定了膜电位变化[59]，决定了其详细的变化，因此，毫无疑问，对放电规则性产生重要影响。前面已经考虑了时间常数为 $\tau_{exc,0} = 0.3$ms 的快速兴奋性突触，它是从实验报告选择的[46]。但是，不同的突触确实表现出依赖于介导受体的种类而不同的时间尺度上，如由 AMPA（a-amino-3-hydroxy-5-methyl-4-isoxa-zolep-propionate receptor）受体介导的突触后电流远大于通过 NMDA（n-methyl-d-aspartic acid receptor）受体[60]介导的速度。此外，NMDA 受体的上升和衰减相对温度敏感[61]。因此，在 FFN 中揭示集群放电规则性的传导对突触动力学的依赖性是必要的。单独考虑时间常数的影响，类似于文献[25]和文献[62]，通过以减小 $w_{exc,0}$ 的方法增加 $\tau_{exc,0}$。

这保证了单独突触的有效强度是恒定的，此外，在忽略变化时间常数的情况下神经网络也得到了同样的结果。对于其他参数，采用数值 $p = 0.1$，$D = 1$。

图 5.8 所示为在兴奋突触时间常数为 $\tau_{exc,0}$ 每一层的平均信息熵。在参数扫描过程中，随着时间常数的提高前两层的集群放电规则单调减小，但接下来的几层的时间规则性分别经过一个最大值后随着 $\tau_{exc,0}$ 的增加而恶化，这表明更深层的规则性相比于前几层对突触时间常数的变化更加敏感。通过观察放电规则的传播，可以发现时间常数不论太短或者太长都不可以加强规则性传播（图 5.8 中的区域 I 和区域III），但是中间值则可以加强规则性传播（图 5.8 中的区域 II）。

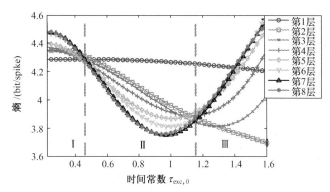

图 5.8　每一层集群放电规则是关于突触时间常数 $\tau_{exc,0}$ 的函数，这里设置有效突触强度 $S = 0.09$ 用于整个参数扫描

　　这种情况可以作出如下解释。对于有快速瞬变现象的电导型突触，如当 $\tau_{exc,0}$ 接近 0 时的极端情况的瞬时突触，相应的兴奋性突触后电流（excitatory postsynaptic current，EPSC）可以在任意高频下变化。因此，变动的突触电流触发不规则的放电活动并且这种触发会进一步传递给接下来的几层。另一方面，突触时间常数的有限提高会导致输入中不可避免的重叠，从而提出突触电流中的时间相关性和平滑作用，如图 5.9（a）所示。此外，这种相关性和平滑作用会随着放电活动在 FFN 中的传播而进一步扩大。因此，$\tau_{exc,0}$ 适当地提高不仅会导致每一层中产生更加有规则的放电模式，而且会增加层与层之间的规则性传播（区域 Ⅱ）。由于在完整网络的神经元的响应变化主要由其输入变化产生，如图 5.9（b）所示为计算的图 5.9（a）中 EPSC 波形的功率谱。对应平坦的功率谱密度的 $\tau_{exc,0}$ 的值较小，表明突触电流在相对较高的频率下产生变化，这意味着相对不规则的放电模式。而对于慢突触

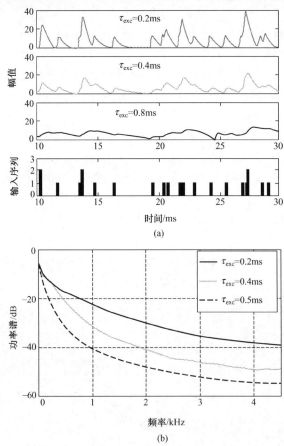

图 5.9　（a）不同时间常数突触前电流的样本和（b）突触前神经元的
脉冲序列，（a）中三种情况相应的突触电流功率谱

（a）$\tau_{exc} = 0.2\text{ms}, 0.4\text{ms}, 0.8\text{ms}$ 时突触电流的波形；采用 Welch 方法通过傅里叶变换得到功率谱，
使用 33 个样本，50%重叠的子窗和默认的 FFT 长度

主要的功率分量集中在低频范围内，使得在这种条件下可以产生规则放电活动。但是时间常数的进一步提高会使更深层次的规则性恶化。这是由于由强时间相关性诱发的输入脉冲的持续时间增加会引起一些超阈值偏移相比于脉冲后超极化更长，这导致在单一的偏移方向产生爆发式放电模式，并增加了峰峰间期的变化量。

　　抑制性通常存在于大脑皮层网络，并且对神经元编码起到了重要的作用。根据复发性抑制性和激励之比，建立一个以突触产生明显活动情况为基础带有电流的放电神经元的大随机网络[26]。本节在下面的工作中将抑制性神经元纳入考虑范围。每个神经元的兴奋性与抑制性连接的峰值之比满足 $4:1$，这可以兼容结构上的观察[63]。兴奋性和抑制性突触使用相同的时间常数，即 $\tau_{exc} = \tau_{inh} = 0.3ms$。同时，耦合概率设置为 $p = 0.2$，噪声强度 $D = 1$。

　　图 5.10（a）所示为依赖于不同抑制性突触强度 $w_{inh,0}$ 情况下的 $w_{exc,0}$ 的第 6 层的平均信息熵。$w_{exc,0}$ 相应的共振型行为随着抑制强度的增加初步消失，这表明更强的抑制强度带来 FFN 中更不规则的放电活动。特别地，本节通过设置 $w_{exc,0} = 0.2$ 将连续层之间的时间规则性的演化表示为一个关于 $w_{inh,0}$ 的函数。从图 5.10（b）中可以观察到，对于小的 $w_{inh,0}$ 值，当信号通过 FFN 传播时放电活动变得越来越有规则。但是随着抑制耦合的增加，每一层的不规则性程度加强。放电模式的直觉反应显示于图 5.11。很明显地抑制性地引入步进降低了时间规则性，同时恶化了同步性的程度。

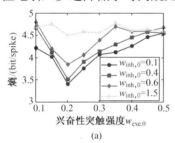
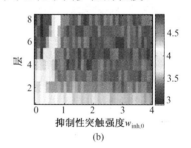

图 5.10　抑制性连接对放电规则性传播的影响

（a）不同抑制强度 $w_{inh,0}$ 下的表示为 $w_{exc,0}$ 函数的第 6 层时间规则性程度；（b）表示
为抑制强度 $w_{inh,0}$ 函数的多层 FFN 的放电规则性演化，其中兴奋连接强度 $w_{exc,0} = 0.2$

　　抑制性连接对放电规则性传播的影响可以归因于兴奋电流与抑制电流之间的竞争。在兴奋与抑制平衡或接近平衡的情况下，这种竞争导致两种作用基本抵消，此时放电尖峰主要由随机波动引起[64]。因此，抑制给 FFN 带来传播异步不规则放电活动的能力。

　　实验证据显示，兴奋性突触对前后突触神经元的放电时间序列更加敏感[51,65]。现在从平衡突触的可塑性开始检验 STDP 对放电规则性传播的影响。网络的仿真通过以下STDP 规则进行调整：首先在最初的 0.5s 内在相邻的两层不加任何的连接，仅对所有的神经元用背景噪声进行刺激。这之后，所有的连接使用同一强度，同时将 STDP 规则强加于网络中。兴奋性突触的强度开始根据 STDP 规则发展。除此之外，设耦合概率

$p = 0.2$，突触时间常数 $\tau_{exc} = \tau_{inh} = 0.3$ms，噪声强度 $D = 2$。图 5.12 表明了在不同初始电导情况下带有 LTP-LTD 学习窗（$A_p\tau_p = A_d\tau_d$）的 STDP 对集群放电规则传播的影响。

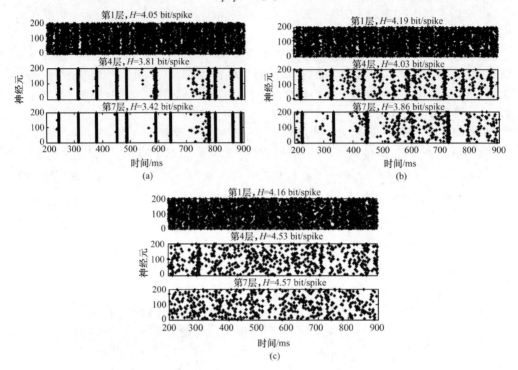

图 5.11　时空放电模式的传播

每一层的平均信息熵显示于每张图中。（a）、（b）、（c）相应的抑制性连接强度
分别为 $w_{inh,0} = 0, w_{inh,0} = 0.6, w_{inh,0} = 0.9$。兴奋性耦合强度 $w_{exc,0} = 0.2$

　　对于最初低电导的情况，图 5.12（a）所示分别为固定耦合和通过 STDP 调整的适应性耦合相应的信息熵的曲线，它们几乎是一致的，说明平衡 STDP 对放电规则性传播的影响是不容忽略的。事实上，后几层可靠传播的放电活动的 FFN 弱耦合模块，前后突触之间放电时间序列并不明显，导致 LTD 完全补偿了 LTP 的影响。在这种情况下，所有连接在初始突触强度附近波动（见图 5.12（b）），很好地解释了放电规则传播的不变性。图 5.12（c）所示为中度初始电导的情况下，加强时间规则性传播会使 STDP 的作用更加明显。这将导致中度耦合强度会促进放电活动以一个相对可靠重要的前馈方式从一层到另一层的传播：前面一组的神经元通常在后面一层的神经元之前放电。因此，LTP 的效果优于 LTD 的效果，使得耦合强度呈现微小增加（见图 5.12（d））。然而对于耦合强度过大的情况，见图 5.12（e），STDP 对于网络活动的敏感度可以大大加强，而突触强度由于 LTP 的重要作用而显著增加（见图 5.12（f）），导致集群放电规则性恶化。

　　通过上面的讨论，可以总结出带有平衡 LTP-LTD 的 STDP 对放电规则性传播的影响对 FFN 的初始状态非常敏感。为了对 STDP 的作用进行全面的探究，扩展到不平衡学习窗的情况下。这里，对应于 LTP 的有效强度引入参数 $W$（称为相关学习窗）来参数化 LTP 的有效强度，可以表示为

$$W = A_p\tau_p - A_d\tau_d \qquad (5.12)$$

式中，时间常数 $\tau_p$、$\tau_d$ 和 LTP 的学习速率 $A_p$ 根据前面的描述来设定；LTD 学习速率 $A_d$ 是一个可变的参数。图 5.13 所示为第 8 层的平均信息熵，是一个不同初始电导情况下 $W$ 的函数。

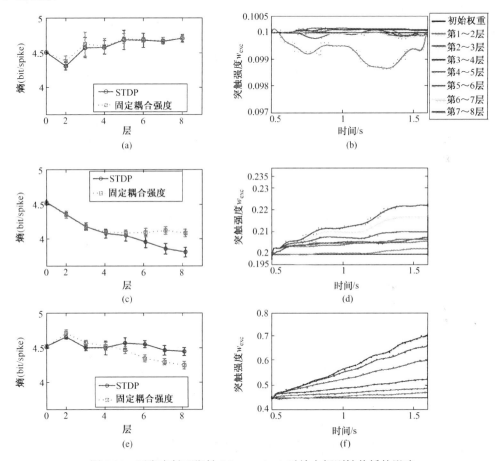

图 5.12　平衡突触可塑性（$A_p\tau_p = A_d\tau_d$）对放电规则性传播的影响

左侧一列图显示了不同初始突触强度的情况下通过多层进行放电规则性传播，其中（a）$w_{\text{exc},0} = 0.1$；（b）$w_{\text{exc},0} = 0.2$；（c）$w_{\text{exc},0} = 0.45$。作为比照，固定耦合的情况在图中用虚线标出，这个曲线是 10 个序列的平均结果。右侧一列图展示了随时间突触强度的变化。简单来说，在每层中随机选择一个神经元计算其所欲连接的平均强度。（b）、（d）、（f）的初始突触强度分别为 $w_{\text{exc},0} = 0.1, 0.2, 0.45$

在图 5.13（a）所示的低初始电导的情况下，与固定耦合情况相比，增强作用使得参数设定（$W > 0$）总是产生更多的规则性放电，而 $W$ 的负值总是使得相应的不规则放电现

象增加。此外，时间规则性的促进和阻塞的临界点刚好位于学习窗的平衡位置（$W = 0$）。
而图 5.13（b）所示的中等初始电导的情况下，这个临界点转移到了左半平面，这表明
尽管对于一些 LTD 主导的参数设定（$W > 0$），FFN 仍可以实现更多规则性放电的传播。
FFN 的信号传播特性可以很好地解释这种现象，这说明中等突触强度使网络具有了在
前向通道传送放电活动的能力。因此，特定强度的突触可以加强时间规则性的传播。
图 5.13（c）所示为高初始电导的情况下，第 8 层平均放电规则性减小，这是由耦合强
度的多度提高所造成的。有趣的是，LTD 所主导的 STDP 规则可以通过减小耦合强度
来补偿高电导情况的作用，从而轻微地保持或促进集群放电的规则性。

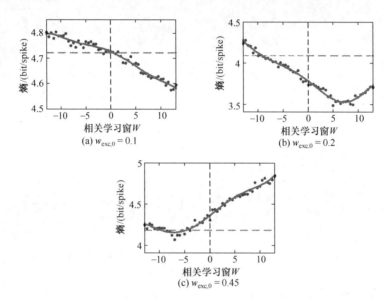

图 5.13　不同初始电导情况下不平衡 STDP 学习窗对集群放电规则性的影响
每一个图显示了第 8 层平均信息熵对于相关学习窗 $W$ 的依赖性。各图的左半平面表示凹
陷主导了增强作用（$A_p \tau_p < A_d \tau_d$）。与此相反，右半平面表示凹陷主导相应的增强作用
（$A_p \tau_p > A_d \tau_d$）。水平虚线为固定耦合的第 8 层信息熵

　　作为传统噪声引起的相干共振的补充，一种新型的 CR 现象是关于 FFN 中的连接
概率与耦合强度的，其中的噪声强度是不变量。除此之外，强耦合下的最大时间相干
性可以在较小连接概率下得到，这是修正集群放电规律性的耦合的数量与强度的一个
重要的等价形式。有趣的是，这种等价不局限于本书所研究的 FFN，Ozer 等在小世界
HH 神经元网络得到了类似的结果，随着耦合强度的提高最大放电规则性可以在更少
的附加条件下得到[39]。因为共振现象与网络拓扑有关并且两个决定性因素的作用是高
度相关的，在目前的工作中这一点由双拓扑依赖共振体现。这种类型 CR 相应的机制
是由于噪声与网络的交互形成的。在这种情况下，外部噪声是固定的，总的有效连接
强度由连接概率和用作平均场的有效噪声强度的缩放因子个别耦合强度共同决定。在

Wang 等[42]研究的耦合 HH 神经元系统共振中发现了同样的机制，其中耦合神经元的数组的集群行为说明大多数排序的最佳系统大小为 $N$。

从噪声诱导的 CR 到拓扑依赖机制的转换是负责强调在 FFN 中放电活动的选通时间相干性中网络拓扑的重要作用，这对体内神经动力学的调制更具现实意义。在实验中调节噪声强度可以实现集群时间规则性的调制，而这种调节在自然中如何实现并不明显[66]。另一方面，通过促进和阻止耦合的一部分或者通过确定突触可塑性的规则可以在真正的神经系统中选择性地调整时间行为。除此之外，信号通过网络共振传播的选择门已在之前的研究[67-69]中提到。网络固有频率的可变性通过调整有效连通性达到，从而给系统带来了适应不同频率外部输入信号的能力。

值得强调的一点是，放电规律性传播与噪声 FFN 中的同步性的关系，这是由于发现规则放电模式总是与相对高的同步性相伴出现（见图 5.7（b）和图 5.7（c）），而异步规则模式不仅在 FFN 中从不冲突，在其他网络[25,58]也是如此。规则性描述了单个神经元放电序列的时间相干性，而同步性描述了神经元种群中空间相干性的程度，二者之间的关系解释了时间和空间放电模式的一致程度。事实上，Zhou 等[38]揭示了一个有趣的现象，噪声增强同步性在噪声强度接近对时间相干性来说的最优值，这表明在数组耦合网络中的放电模式下存在时空相干性。

嵌入皮层网络中的神经元受由瞬态电导变化调节的波动突触电流的影响，突触电导体内的效果的确可以显著改变输入整体的性质和神经元动力学特征[70-71]。对兴奋性突触动力学的影响放电性传播的认识主要表现在以下两方面。一方面，单个突触输入的有限时间常数的相互作用在突触驱动中引入了时间相关性和平滑的波动，它为放电活动的产生和传播提供了理想的条件。另一方面，这种时间相关性和单独神经元的固有特性之间存在竞争，放电后超极化，可能导致在更深层次中产生高度变化率。相应情况下累积强突触相关的衰退比放电超极化持续更慢，使得突发放电可能发生在一个单一的冲程（放电序列未示出）。Svirskis 等发现放电变化的程度随着突触时程的扩展单调增大[72]，这在某种程度上与本节中的发现（见图 5.8）相悖。这种不一致的主要原因是 Svirskis 等之前的研究仅包含了一个较大范围内参数（2.5～40ms）的一些样本，而忽略了在相对较小的时间进程中的详细结果。需要指出的是，在听觉神经元中的突触电导衰减时间可以小于 1ms[73]。

参考 Kumar 等[13]的建议，将重点放在剖析抑制性在重塑放电规则性传播中的作用。通过改变抑制性突触的强度 $w_{inh,0}$ 来调节抑制性强度，这与文献[25]中的成果类似。也可以通过 McCormick[74]和 Connors 等[75]所提出的改变抑制性神经元的兴奋性的方法来实现。在抑制主导的机制中（见图 5.10（b）和图 5.11），FFN 只支持异步不规则（AI）放电模式传播。此外，在平衡网络中与 $w_{exc,0}$ 相关的时间相干共振现象的消失（见图 5.10（a）），进一步表明了抑制性的重要作用。这符合理论预测的不规则放电模式可以维持兴奋性连接和抑制性连接的平衡，通过电导的改变使得兴奋性作用与抑制性作用相抵消，以使平均净突触电流可以接近零，而放电只能通过波动来驱动[76-78]。基于以上研究，自然而然地提出了一个实验性问题：在真正的大脑皮层网络中，兴奋性与抑制性的平衡到底是什么？
不同皮层领域的这种平衡的详细观察也许可以深入探究实验性观测不同放电的变化。

## 5.4　前馈网络的随机共振

本节采用线性响应值 $Q$ 定量地描述共振现象的强弱。对于某一频率下某一层的神
经元来说，线性响应 $Q$ 可以计算为

$$Q_{\sin} = \frac{\omega}{2n\pi} \int_0^{\frac{2n\pi}{\omega}} 2y(t)\sin(\omega t)\mathrm{d}t$$

$$Q_{\cos} = \frac{\omega}{2n\pi} \int_0^{\frac{2n\pi}{\omega}} 2y(t)\cos(\omega t)\mathrm{d}t \qquad (5.13)$$

$$Q = \sqrt{Q_{\sin}^2 + Q_{\cos}^2}$$

式中，$n$ 是周期的个数；$2\pi/\omega = T_s$ 是低频弱信号的周期；$y(t)$ 是每一层神经元的平均
膜电位；线性响应 $Q$ 反映了输出信号中低频弱信号的频率信息，其中响应 $Q$ 的最大值
表示输入信号和输出信号之间具有最佳的相同步。

### 5.4.1　前馈网络的随机共振现象

图 5.14（a）和图 5.14（b）给出了不同的连接概率下，前馈神经元网络不同层的
线性响应 $Q$ 随噪声强度的变化。其中，第一层神经元的输入是弱正弦信号，而噪声则
存在于所有层中。如图 5.14 所示，当弱信息在前馈神经元网络中逐层传导时，噪声具
有主导作用，但是噪声对信息传导的影响由于其强度的不同而有所差异。当噪声强度
很低时，其不足以刺激神经元达到阈值而产生放电，从而导致尖峰放电在前馈神经元
网络层间的传导十分困难，因此线性响应 $Q$ 在信号传导过程中逐层减小。噪声强度适
中时，线性响应 $Q$ 的值较大，这一现象说明适宜强度的噪声能够增强弱信号在网络中
的传导。但是，噪声强度过大时，线性响应 $Q$ 的值逐渐减小，这是由于过大的噪声强
度使得每一层的神经元趋于自发放电，破坏了输入信号的频率信息，从而导致输入信
息在传导过程中逐渐丢失。有意思的是，能够增强信息传导的噪声强度的范围随着信
号在前馈神经元网络中的传导而越来越小。

此外，放电信息经过一定层的传导后逐步达到同步状态，此后放电信息以同步方式
完成其在前馈神经元网络其余层中的传导。输入信息的同步传导方式使得网络的线性响
应 $Q$ 在第 7 层后达到饱和值。通过对比图 5.14（a）和图 5.14（b）可以发现，随着网络
连接概率 $P$ 的增大，能够增强信号传导的噪声强度的范围增加了，而同步传导使得频率
响应更为明显。不同噪声强度下，不同层的同步水平如图 5.14（c）和图 5.14（d）所示，
可以发现同步状态和弱信号的传导之间是高度相关的，当信息在网络中以同步的方式逐
层传导时，输出信息中所包含的输入信息的成分会增大。

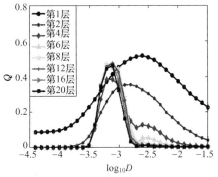

(a) 连接概率 $P = 0.15$ 时，线性响应 $Q$ 随噪声强度的变化

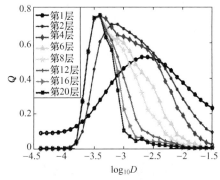

(b) 连接概率 $P = 0.4$ 时，线性响应 $Q$ 随噪声强度的变化

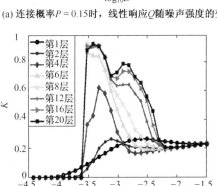

(c) 连接概率 $P = 0.15$ 时不同层神经元同步状态

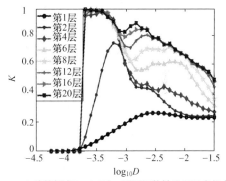

(d) 连接概率 $P = 0.4$ 时，不同层的神经元同步状态

图 5.14　信号传导中网络同步性及信号演化过程

噪声强度 $D = 10^{-2.5}$ 对信号在第 1 层的传导是最佳的，这一强度值对单 FHN 神经元的放电也是最优的。这一现象的产生是由于网络信号传导的特性是以单神经元和网络连接相结合为基础的，随着信号在前馈神经元网络中逐层传导，网络连接这一特性在信号中逐渐占据主导地位。因此，在前馈神经元网络中的中间层会发现有两个噪声强度尖峰存在（如当 $P = 0.15$ 时的第 6 层）。如果 $P$ 过大或者网络层数较深，这种现象会变得不显著，这是由于网络连接概率占主导地位。

值得注意的是，在图 5.14（d）中，某些层出现了两个尖峰，这种现象的产生是由噪声和来自上一层的突触输入之间的竞争导致的，因为由噪声引发的同步机制和突触输入电流引发的同步机制是不同的。当噪声强度 $D$ 较低或者适中时，突触输入在信息的传导中起主要作用；而当噪声强度较大时，噪声则成为网络中信息传输的主导因子。Neiman 等曾在由 FHN 神经元模型组成的随机兴奋性系统中发现了系统的随机同步现象[79]，而本节所发现的噪声引发的同步现象和其得到的结论是相似的。

首先，二者都是由于噪声和网络耦合的相互作用产生的，其次，当噪声强度适中时，二者都和尖峰放电类型的时间规则性相关。但是，网络结构在这两种情况下是不同的，从而导致同步形成的机制不同。接下来的研究中，选择第 8 层的输出作为前馈神经元网络的输出。作者系统地研究了不同连接概率下，随机共振现象与噪声强度 $D$ 和输入信号周期 $T_s$ 之间的关系，结果如图 5.15 所示。当连接概率相对较低时，只有接近两个频率处的信号能够在某一确定的噪声下进行传导。随着连接概率 $P$ 的增加，能够增强信号传导的噪声强度以及输入频率的区间都有所增大。有趣的是，在这个过程中，相应于最大 $Q$ 值出现时的最优 $T_s$ 发生了移动。较大的连接概率 $P$ 使得同步更为稳定，同时减少了噪声对信号的影响，并有效地增强了信号的传导。

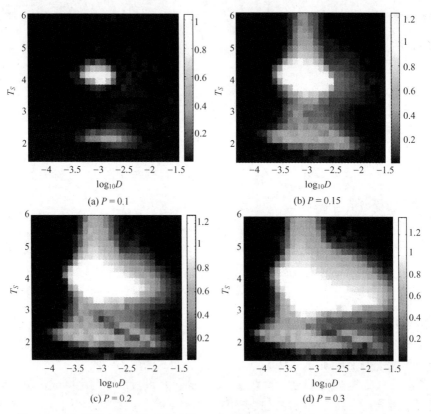

图 5.15　不同连接概率下，线性响应 $Q$ 随噪声强度和输入信号的周期 $T_s$ 的变化

## 5.4.2　突触时间常数对随机共振现象的影响

化学突触的性质对神经系统中信息的传导是十分重要的，这里选择连接概率 $P = 0.2$ 研究化学突触对前馈神经元网络中信息传导的影响。突触的特性是由时间常数 $\tau$ 来刻画的，图 5.16 给出了突触特性对信息传导的影响。

由图 5.16 可知，存在一个最优的时间常数 $\tau$ 使得信息在网络中实现最佳传导。当 $\tau = 0.2\text{ms}$ 时能够获得最大的 $Q$ 值。当时间常数 $\tau$ 很小的时候，突触输入变化迅速，以至于突触后神经元会丢失突触前神经元的输入 ($\tau = 0.1\text{ms}$)。较大的突触时间常数能够保证信号在噪声强度相对较大时的传导更为稳定，如图 5.16（a）所示。同时，随着突触性质的改变，最大 $Q$ 值出现时所需要的 $T_s$ 值发生了变化。因此，突触性质在调节神经元信号的传导中起着十分重要的作用。

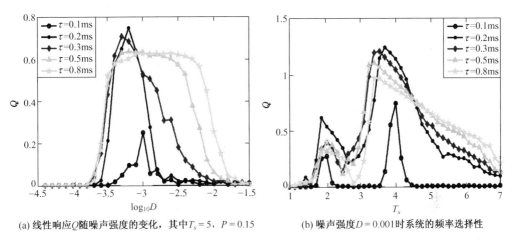

(a) 线性响应 $Q$ 随噪声强度的变化，其中 $T_s = 5$，$P = 0.15$　　　(b) 噪声强度 $D = 0.001$ 时系统的频率选择性

图 5.16　突触时间常数对随机共振现象的影响

## 5.4.3　异质性对随机共振的影响

　　大部分有关随机共振的研究中，神经元和突触都是同质的，而异质性在真实世界中是广泛存在的。已经有研究证明，异质性对促进网络相干性具有重要的作用，由于异质性的存在，神经元网络表现出了一些集群行为。

　　为了研究神经元异质性对信号传导的影响，引入一个异质性参数 $a_{i,j}$，其描述了神经元兴奋性程度。$a_{i,j}$ 满足在 $[a - H_A, a + H_A]$ 上的均匀分布，其中 $H_A$ 决定了异质性的程度，$a = 0.75$。为了保证所有的神经元都在阈下区域，需要保证 $a - H_A \geqslant 0.69$（确保神经元处于阈下状态），同时，前馈神经元网络的连接概率 $P = 0.2$。由图 5.17（a）可知，尽管异质性的存在使得线性响应 $Q$ 的最大值有所下降，但是它能够在噪声强度较低时增强信号的传导。图 5.17（b）描述了一定的噪声强度下，异质性对于系统频率选择性的影响，从图 5.17 可以看到，异质性不会影响频率相对较高的信号的传导 ($T_s < 4$)，同时能够调节低频信号 ($T_s > 4$) 的选择性。

　　在异质性网络中，$a$ 值较小的神经元放电更为频繁和有规律。这些神经元就像起搏器一样，确定网络的放电率以及尖峰放电规则性。因此，异质性使得网络对刺激的敏感性加强，尤其是噪声强度很小的时候。此外，固有频率的改变同样引起低频信号传导的小幅增强。这些结果说明，弱信号的传导能够通过调节每一层神经元的异质性实现控制。

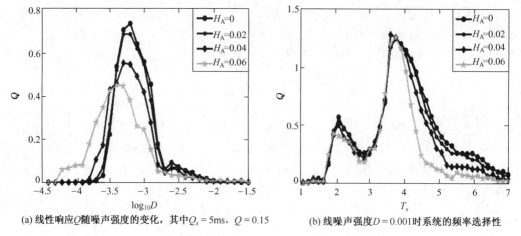

(a) 线性响应 $Q$ 随噪声强度的变化，其中 $Q_s = 5ms$，$Q = 0.15$    (b) 线噪声强度 $D = 0.001$ 时系统的频率选择性

图 5.17 网络异质性对弱信号传导的影响

## 5.4.4 反馈连接对随机共振的影响

反馈连接广泛存在于神经元网络中，本节研究反馈连接对信号传导的影响。在上述网络结构的基础上，利用抑制性突触连接第 8 层和第 1 层，其中反馈连接概率用 $P_2$ 表示。设定 $A = 0.05, \tau = 0.5ms$，抑制性突触的时间常数 $\tau_1 = 1ms$，噪声强度选择 $D = 10^{-3.3}$，接近最

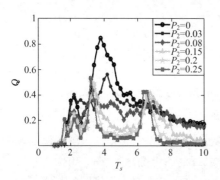

图 5.18 反馈连接对随机共振的影响

优强度值。这些反馈参数的选择是基于海马皮层中 GABA（B）（Gamma-aminobutyric acid B）的抑制性突触，其在精神疾病的发作机制中非常重要。这里是定性而非定量的研究，研究发现，加入反馈抑制性连接后，神经元网络的固有频率发生了显著改变。原有的固有频率由于网络中时间延迟的累积而被抑制。随着抑制性程度的逐渐增加，能够在网络中传导的信号频率范围越来越小，如图 5.18 所示。当 $P_2 > 0.2$ 时，只有周期接近 $T_s = 3.2ms$ 和 $T_s = 6.6ms$ 的信号才能够在网络中传导。

## 5.4.5 小结

本节主要研究了网络噪声对不同频率弱外部刺激信号传导的影响，在前馈神经元网络的每一层都发现了随机共振现象。信号传导减弱还是增强是由噪声强度、输入频率以及网络连接共同决定的。此外，研究过程中还发现信号传导与网络的同步性高度相关。由连接概率刻画的输入相关性在大脑活动的信息传导中起到了十分重要的作用，这一发现对于神经编码的传导具有非常重要的意义。

网络的其他性质对于信息传导也有影响。较大的突触时间常数能使得信号即使在高强度噪声环境下也可以稳定传导，而网络的异质性可以调节低频信号的选择性。此外，纯粹的前馈神经元网络的固有频率与具有突触抑制性反馈连接的前馈神经元网络的固有频率是不同的。

噪声强度能够控制神经系统中信号的传导，这一结论和神经科学息息相关，神经系统中弱信号检测能力的加强可以通过外加刺激实现。

## 5.5　前馈网络中的振动共振

### 5.5.1　高频刺激频率和幅值对前馈神经元网络振动共振的影响

高频刺激信号，如高频的内生电场，在大脑中调节神经元活动方面具有重要的作用，频率和幅值是高频刺激主要的特征参数。因此，下面讨论高频刺激频率和幅值对弱信号传导的影响，结果如图 5.19 所示。

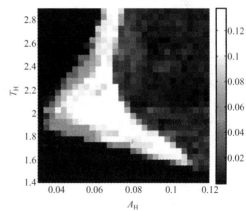

图 5.19 中每一个点所代表的是高频信号幅值和频率同时变化时的线性响应 $Q$ 值，图中颜色越浅表明 $Q$ 值越大，即输出中所包含的输入信息越丰富。由图可以看到，振动共振现象只在某一个频率范围内发生。此外，高频信息的幅值增强信号传导的范围也依赖于其周期。FHN 神经元模型的特征频率接近 $T_s = 2\text{ms}$。当高频刺激的周期近似等于 2ms 时可以引发 FHN 神经元的共振现象，从而使得神经元对于来自前一层或者低频的输入更容易兴奋。这个机理会使得促进低频信号传导时 $A_H$ 的范围左

图 5.19　高频刺激幅值和频率同时
变化对线性响应 $Q$ 的影响
网络连接概率 $P = 0.2$，图中每一个点表示相应的线性响应 $Q$

移。从图 5.19 可以看到，当高频刺激的周期比 FHN 神经元的固有周期大时，用来激活神经元放电所必需的幅值会随着周期的增大而逐渐增大。然而，当高频刺激的周期比 FHN 神经元的固有周期小时，用来激活神经元放电所必需的幅值会随着周期的增大而逐渐减小。

### 5.5.2　异质性高频扰动对前馈神经元网络振动共振的影响

采用 FHN 神经元模型构成前馈神经元网络模型，其中的 FHN 神经元模型和外部刺激作用形式为

$$\varepsilon \frac{\mathrm{d}x_{i,j}}{\mathrm{d}t} = x_{i,j} - \frac{x_{i,j}^3}{3} - y_{i,j} + I_{i,j}^{\mathrm{syn}}(t)$$

$$\frac{\mathrm{d}y_{i,j}}{\mathrm{d}t} = x_{i,j} + a_{i,j} - by_{i,j} + \xi_{i,j}(t) + S_{i,j} \qquad (5.14)$$

$$I_{i,j}^{\mathrm{syn}}(t) = -\sum_{k=1}^{N_{\mathrm{syn}}} g_{\mathrm{syn}}\alpha(t - t_{i-1,k})(x_{i,j} - V_{\mathrm{syn}})$$

式中，$i = 1,2,3,\cdots,N_L$ 代表神经元网络的层数，$j = 1,2,3,\cdots,N(N = 200)$ 表示每一层中的神经元；$x_{i,j}$ 和 $y_{i,j}$ 分别表示每个神经元的膜电位和恢复变量；$I_{i,j}^{\mathrm{syn}}(t)$ 是第 $i$ 层网络的第 $j$ 个神经元的突触电流之和；$\alpha(t) = (t/\tau)\mathrm{e}^{-t/\tau}$，其中 $\tau$ 是突触时间常数，如果没有特殊说明则 $\tau = 0.2\mathrm{ms}$；$N_{\mathrm{syn}}$ 是神经元通过树突与前一层神经元之间的耦合总数，耦合强度为 $g_{\mathrm{syn}}$，$g_{\mathrm{syn}}$ 和 $N_{\mathrm{syn}}$ 对所有神经元都是相同的；突触类型由突触反转电势 $V_{\mathrm{syn}}$ 决定，兴奋性突触 $V_{\mathrm{syn}} = 0$，抑制性突触 $V_{\mathrm{syn}} = -2$。$S_{i,j}$ 是外部刺激作用的等效电流。

通常来说，异质性指的是一个物体或者系统包含了大量结构不同的组成成分，这种现象广泛存在于在数学、物理、化学、生物以及信息工程中。因此，本节讨论外加异质性高频扰动下，弱信号在前馈神经元网络中的传导。在式（5.14）中，取第一层的输入 $S_{1,j}(t) = A_L \sin(2\pi t/T_s) + A_{1,j}\sin(2\pi t/T_H + \varphi_{1,j})$，其他层的输入为 $S_{i,j}(t) = A_{i,j}\sin(2\pi t/T_H + \varphi_{i,j})$ $(i > 1)$，即弱信号只作为第 1 层的输入信号，而高频扰动会刺激前馈神经元网络中的每一个神经元。此外，低频输入信号的周期 $T_s = 30\mathrm{ms}$，这一周期值远大于高频扰动的周期，而且采用这一周期所得的结果与采用其他弱信号的周期没有本质的不同。如果没有特殊说明，则高频扰动的周期 $T_H = 1.7\mathrm{ms}$，低频弱信号的幅值 $A_L = 0.05$。

对于正弦信号来说，其异质性主要表现在幅值、相角和频率上，此处讨论当正弦信号的幅值和相角为异质性时其对弱信号传递的影响。$A_{i,j}$ 是第 $j$ 个神经元受到高频外部扰动的幅值，该幅值满足在 $[A_H(1 - H_A), A_H(1 + H_A)]$ 上的均匀分布，其中 $H_A$ 决定了异质性的程度，而 $A_H$ 则给出了高频信号的平均幅值。除此之外，高频刺激的相角异质性满足 $\varphi_{i,j} = \dfrac{j \cdot 2\pi}{N}$。

图 5.20 给出了异质性高频刺激下，弱信号在前馈神经元网络中传导时的空间相干系数 $K$ 和线性响应 $Q$ 随高频信号幅值的变化。由图 5.20（a）及图 5.20（b）可以看到，当 $0.072 < A_H < 0.1$ 时，放电类型表现出空间相干性且线性响应值随着信号的传导不断增加。但是当 $A_H > 0.1$ 时，$Q$ 值随着信号的传导不断减小，与此同时，神经元放电的空间相干性减弱。此外，传导经过一定的层数（约是第 8 层）以后，由于神经元间的同步作用，$Q$ 值基本保持不变。对比图 5.20（a）与图 5.20（b）及上述分析可以发现，空间相干性 $K$ 与线性响应 $Q$ 之间是相互关联的，尽管 $K$ 出现峰值时所对应的 $A_H$ 值与 $Q$ 出现峰值时对应的 $A_H$ 并不相同。

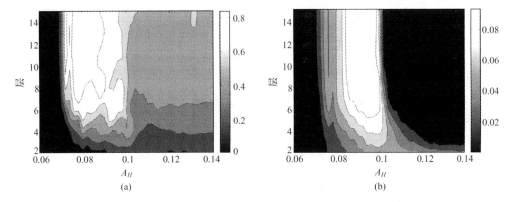

图 5.20　（a）每一层空间相干性 $K$ 和（b）线性响应 $Q$ 随着
高频输入信号幅值 $A_H$ 的变化，此时异质性系数 $H_A = 0.4$

　　为了进一步理解弱信号在前馈神经元网络中传导时的潜在机理，下面绘制了信号在网络传递过程中每一层神经元放电的栅图，如图 5.21 所示，此时高频刺激异质性参数相同 $H_A$ = 0.4，而平均幅值 $A_H$ 则是变化的。其中，图 5.21（a）和图 5.21（b）分别给出了高频刺激幅值中等和偏高时的神经元放电栅图。由图可以发现，当幅值大小适中时，高频刺激可以促进弱信号在网络中的传导；当幅值过高时，低频弱信号的信息在传导过程中失真。

　　这种现象可以通过以下机理得到解释。在没有外界的高频刺激时，阈下信号不能产生放电。随着高频刺激幅值的不断增加，阈下信号能够在其帮助下达到放电阈值。当高频刺激的幅值适中时，神经元的同步放电模式会随着信号的传导而逐渐形成，从而使得线性响应 $Q$ 值逐渐增大。但是，如果高频刺激的幅值过大，那么神经元会一直处于放电状态，因此反而破坏了弱信号的传导。

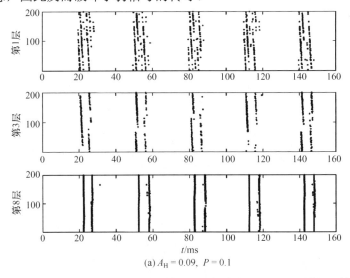

(a) $A_H = 0.09$, $P = 0.1$

图 5.21　高频信号幅值不同时，弱信号在前馈神经元网络中传导时不同层神经元的放电序列栅图

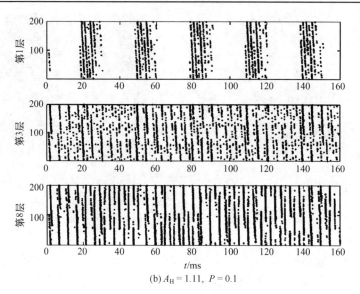

(b) $A_H = 1.11$, $P = 0.1$

图 5.21　高频信号幅值不同时，弱信号在前馈神经元网络中传导时不同层神经元的放电序列栅图（续）

此时高频信号的异质性系数 $H_A = 0.4$。图中每一列的点表示的是神经元 $j(1 \leqslant j \leqslant N, N = 200)$ 的尖峰放电序列

　　为了区分振动共振和随机共振，作者分析了高频刺激是否会通过突触输入的方式而最终增加神经元的宽频噪声，并计算了每一层中每个神经元突触输入的功率谱，从中选取了具有代表性的三层进行分析。由图 5.22 可以得到，所选取的三层神经元的平均功率谱是非宽频的。由此可以说明，高频信号在弱信号的传导过程中起主要的增强作用。

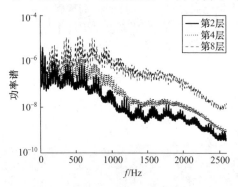

图 5.22　前馈神经元网络第 2 层、第 4 层及第 8 层中前一层突触输入的平均功率谱

　　正如前面所述，异质性是高频信号非常重要的特征之一。图 5.23 系统地研究了不同异质性高频信号下，线性响应 $Q$ 随高频信号幅值 $A_H$ 的变化。由图 5.23 可知，随着异质性系数 $H_A$ 的逐渐增大，线性响应 $Q$ 达到最大值所需的高频信号幅值 $A_H$ 逐渐减小，这一现象说明当高频信号的幅值较小时，其异质性能够促进信号的传导。这一结论可能对如何降低 DBS（deep brain stimulation）装置中能量的损耗有所帮助。

　　高频刺激的异质性所起的作用通过以下分析说明。当高频刺激幅值较低时，一层放电神经元的个数是和其异质性相关的。而由于前馈神经元网络的放大效应，后面的一层中越来越多的神经元区域同步放电，从而高频刺激的异质性提高了网络的兴奋性。而高频刺激的异质性较大时，会破坏低频弱信号的传导，这也是在图 5.23 中曲线发生左移的原因。

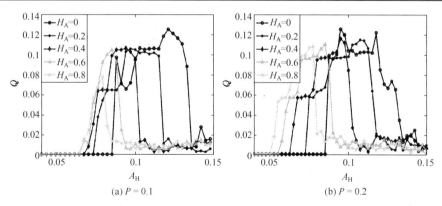

图 5.23　网络连接概率不同，不同的高频信号异质性线性响应 $Q$ 随着高频信号幅值的变化

### 5.5.3　连接概率对网络振动共振的影响

本节系统地讨论网络连接概率对于弱信号在网络中传导的影响。图 5.24 给出了不同的连接概率下，线性响应 $Q$ 随着高频信号幅值的变化。由图可知，不同连接概率下，神经元网络 $Q$ 的变化规律与单个神经元是相同的。而随着连接概率的增大，能够增强信息传导的高频信号的阈值有所减小。此外，连接概率增加的同时神经元网络线性响应 $Q$ 能够达到的最大值逐渐减小。出现这种情况是因为连接概率 $P$ 较大时，同步放电模式在高频刺激作用下更容易达到。较大的连接概率增强了前馈神经元网络的敏感性。但是，当深层的神经元趋向于同步周期放电时会导致输入信息难于检测到。因此，$Q$ 值会随着 $P$ 的增加而减小。综上

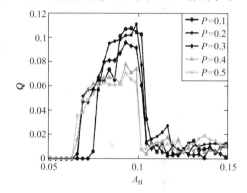

图 5.24　网络连接概率不同时线性响应 $Q$ 随着高频刺激幅值 $A_H$ 的变化规律，高频刺激异质性系数 $H_A = 0.4$ 不变

所述，网络的连接概率在调节弱信号的传导中起到了十分重要的作用。

## 5.6　前馈网络的一致共振

### 5.6.1　噪声下 FFN 放电规则性的传导

放电规则性与神经系统时间编码有重要的联系，因此研究放电规则性的传导具有重要的意义。下面将从相干共振的角度更系统地研究噪声对前馈网络放电规则性和同步放电传输的作用。噪声是前馈网络的唯一外部刺激（第 1 层也受到了噪声刺激）。图 5.25 为噪声下每一层前馈网络的放电规则性，图中每一点表示噪声下这一层放电规则性 $R$。

与单个FHN神经元类似，第1层中规则放电对应的最优噪声强度 $D = 0.03$。然后，在较低的噪声强度下，放电在网络中传输逐渐变得有规律，如图 5.25（a）和图 5.25（b）所示。可以在前馈网络每一层中观察到相干共振现象。信号在网络层间传输时，$R$ 的最大值增大直至饱和。与前几层相比，最后一层中对应规则放电的最优噪声强度较低。因此，网络结构使得规则放电更容易发生。

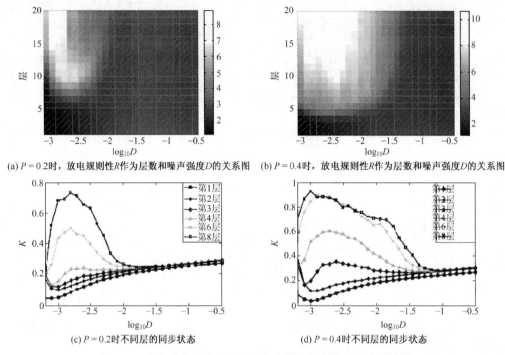

(a) $P = 0.2$时，放电规则性$R$作为层数和噪声强度$D$的关系图    (b) $P = 0.4$时，放电规则性$R$作为层数和噪声强度$D$的关系图

(c) $P = 0.2$时不同层的同步状态          (d) $P = 0.4$时不同层的同步状态

图 5.25　带有噪声的多层前馈网络中放电规则性和同步的传输

比较图 5.26 和图 5.27，可以发现连接概率 $P$ 较高时，规则放电对应的噪声强度范围增加。最优的放电规则性对应的最优噪声强度也随 $P$ 的变化而轻微移动。当噪声强度较低时，网络放电规则性如图 5.28 和图 5.29 所示。由于网络发生同步放电，网络通过同步放电传输信号，规则性 $R$ 逐渐达到饱和值。为了更具体地说明这个问题，图 5.26、图 5.27、图 5.28 给出了不同噪声强度下的前馈网络的不同放电模式。当噪声强度 $D < 10^{-3}$ 时，神经元产生稀疏放电，其放电模式不能在网络中传输（见图 5.26）。对于中等强度噪声，同步放电模式随着信号在前馈网络中的传导逐渐形成（见图 5.27）。同时，在这个范围里，可以找到每一层最大空间相干性 $K$ 对应的最优噪声强度，它也对应最大的时间规则性。当噪声强度继续加大时，每层中的神经元放电开始不规则，因为噪声破坏了时间规则性和同步性（见图 5.28）。同时发现，前馈网络中时间规则性和噪声诱导的同步在一定程度上具有相关性。在噪声环境下，同步使放电模式传输更加稳定。因此，噪声诱导的同步能够增强放电的时间规则性。

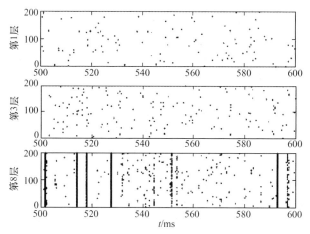

图 5.26　前馈网络放电栅图（网络噪声强度 $D = 10^{-3.3}$，连接概率 $P = 0.4$）

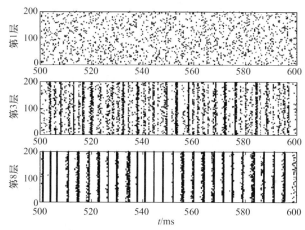

图 5.27　前馈网络放电栅图（网络噪声强度 $D = 10^{-2.8}$，连接概率 $P = 0.4$）

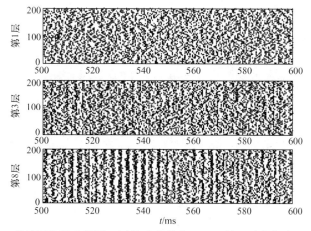

图 5.28　前馈网络放电栅图（网络噪声强度 $D = 10^{-1.4}$，连接概率 $P = 0.4$）

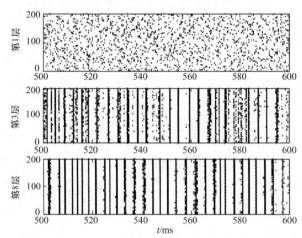

图 5.29　前馈网络放电栅图（网络噪声强度 $D = 10^{-2.8}$，连接概率 $P = 0.8$）

## 5.6.2　噪声环境下前馈网络的双参数一致共振

双相干共振意味着对于最优的连接概率 $P$ 和噪声强度 $D$ 的参数组合下前馈网络能产生最大的放电相干性。对于前馈网络，连接概率决定同一层神经元的输入相关性，是控制信号传输特性的一个重要参数。图 5.30（a）表示噪声强度 $D$ 和连接概率 $P$ 对前馈网络第 8 层的放电规则性的影响。可以发现，对于所有的连接概率 $P$ 和噪声强度 $D$ 有一个最优的放电规则性 $R$。当 $P$ 值较低时，由于信号难以传输，所以无法达到最优的放电规则性。中等强度的 $P$ 值下，最大相干共振放电能够在较低的噪声强度下通过同步放电传输。当 $P$ 值继续增加时，最大放电规则性降低，其放电模式如图 5.29 所示。这是因为不规则的放电模式破坏了神经元的相对不应期，且由于突触输入的高度相关性，该放电模式能够通过同步稳定传输。当 $P$ 值较大时，通过比较图 5.30（a）和图 5.30（b），可以发现时间规则性和空间相干性不是相关的。上面研究的所有网络都通过兴奋性突触连接，然而抑制性突触在神经系统（如海马区）中也是广泛存在的，且对神经编码有重要作用[80]。下面的研究将考虑由抑制性神经元引起的作用，其中抑制性神经元的动态特性与上面提到的兴奋性神经元相同。$P_{inh}$ 代表每一层抑制性与兴奋性神经元的比率。作者研究了 $P_{inh} \leqslant 0.2$ 时的双相干共振，这个比率和哺乳类动物皮层抑制性与兴奋性神经元的比率类似，每一层兴奋性神经元连接概率 $P$ 是相同的。图 5.31（a）～图 5.31（c）显示了噪声前馈网络中不同抑制性神经元比率下的双相干共振，研究发现抑制性神经元降低了前馈网络放电的最大规则性（比较图 5.30（a）和图 5.31（a）～图 5.31（c））。不同 $P_{inh}$ 对应的最大规则性 $R$ 的比较如图 5.31（d）所示。当 $P = 0.3$ 时，为前馈网络产生相干共振的最优结构。抑制性连接会降低同步性以及放电时间规则性。

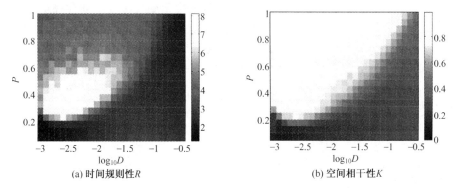

(a) 时间规则性$R$　　　　　　　　　　　　　　(b) 空间相干性$K$

图 5.30　第 8 层平均时间规则性$R$和空间相干性$K$与噪声强度$D$和连接概率$P$的关系图

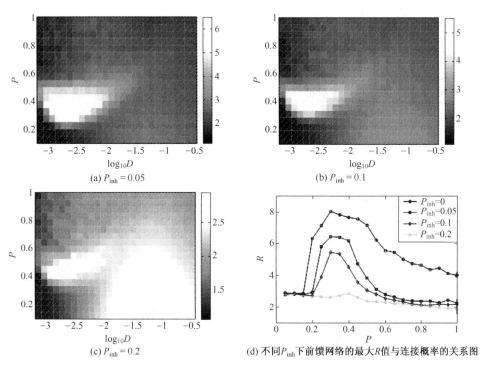

(a) $P_{inh} = 0.05$　　　　　　　　　　　　　　(b) $P_{inh} = 0.1$

(c) $P_{inh} = 0.2$　　　　　　　(d) 不同$P_{inh}$下前馈网络的最大$R$值与连接概率的关系图

图 5.31　不同比率的抑制性连接下，第 8 层平均放电规则性$R$
与噪声强度$D$和连接概率$P$的关系图（灰度表示$R$值的大小）

## 5.6.3　异质性非周期信号诱导的阵列增强的相干共振

下面研究网络耦合是否能增强异质性非周期信号诱导的相干共振现象。对于固定的耦合强度$g$和网络神经元个数$N$，存在最优的$A_H$值使得放电规则性$R$最大。图 5.32

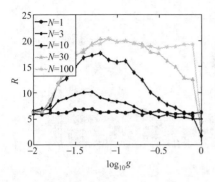

图 5.32　网络规模 $N$ 对放电规则性的作用

是放电规则性 $R$ 的最大值随耦合强度 $g$ 及不同网络神经元个数 $N$ 的变化规律。在耦合网络中，对于中等强度的耦合 $g$，最大放电规则性 $R$ 随网络神经元个数 $N$ 的增加而增加，直到达到饱和。对于较大的 $g$ 值，耦合系统的特征与单个神经元类似，其网络对相干性的增强作用不是很明显。此外，对应规则放电的耦合强度 $g$ 的范围变宽，且随着网络规模的增大，$R$ 值逐渐饱和。因为对于一个较大规模的网络，强耦合能够使网络的行为像一个整体。

### 5.6.4　异质性非周期信号的频率和异质性对阵列增强相干共振的作用

平均周期是异质性非周期信号的重要特征之一。下面研究在耦合强度 $g = 0.05$ 时，平均周期对网络放电模式的影响。图 5.33 为放电规则性 $R$ 和相同步程度 $K$ 随异质性非周期信号平均周期和幅值的变化规律图。在图 5.33（a）中，对于固定的 $T_s$ 值，放电规则性曲线随 $A_H$ 值变化。当平均周期增加时，对应规则放电的 $A_H$ 值的范围减小。通过比较图 5.33（a）和图 5.33（b），可以发现放电规则性 $R$ 与相同步系数 $K$ 相关。然而，如图 5.33 所示，当耦合强度 $g$ 较大时，$R$ 和 $K$ 变得不相关。因此，异质性非周期信号的平均周期对耦合系统放电活动有重要作用。由不同平均周期的刺激产生的不同结果可以解释如下：当平均周期较小时，信号波动较快，异质性非周期信号的特性与噪声相似。因此，由异质性非周期信号驱动的网络的增强作用较明显。由低平均周期异质性信号产生的 $R$ 的峰值与噪声产生的 $R$ 的峰值相近（$R \approx 20$）[81]。

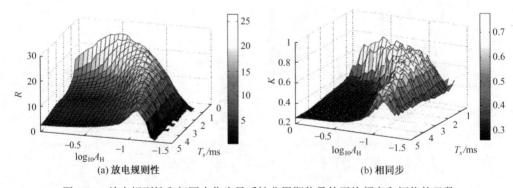

(a) 放电规则性　　　　　　　　　　　　　　　　(b) 相同步

图 5.33　放电规则性和相同步作为异质性非周期信号的平均频率和幅值的函数

异质性非周期信号的作用机制与由网络作用增强的相干共振不同[81]。阵列增强的相干共振的不规律性由白噪声造成，白噪声的波动较不规则，它的功率谱比较平坦。而异质性非周期信号是伪周期的，每一个伪周期中有一个固定的周期值。当这个固定值与 FHN 神经元的固有周期相近时，共振现象发生。当异质性非周期信号的平均频率远高于 FHN 神经元的固有频率时，异质性非周期信号可被看做一系列带有随机时间间隔的脉冲，其作用与白噪声类似。

下面在耦合强度 $g$ 和平均幅值 $A_H$ 组成的参数空间下，比较不同异质性 $H_A$ 下网络放电规则性，如图 5.34 所示。对于固定的幅值 $A_H$，在较低 $H_A$ 和较高的 $H_A$ 下网络的 $R$ 值的差异性（$R_L$-$R$ 和 $R$-$R_H$）随耦合强度 $g$ 先增加后减小。图 5.34（a）中的峰比图 5.34（b）陡峭。随着 $H_A$ 的增加，异质性非周期信号的波动增强，信号的不规则性更容易破坏相干放电模式，这些机制是产生图 5.34 波峰的原因。

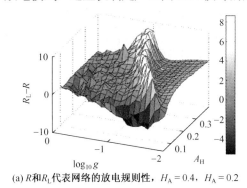
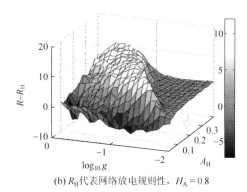

(a) $R$ 和 $R_L$ 代表网络的放电规则性，$H_A = 0.4$，$H_A = 0.2$　　　　(b) $R_H$ 代表网络放电规则性，$H_A = 0.8$

图 5.34　不同异质性下放电规则性的比较

## 5.7　讨论与小结

噪声普遍存在于神经元网络中，它能够增强网络对输入信号的敏感性，在前馈网络放大作用下调制频率编码和时间规则性的传输。本章系统地研究了前馈网络中噪声、同步性及放电规则性的关系。中等强度的噪声可以诱导前馈网络产生同步现象。神经元层中时间规则性的传输与噪声诱导的同步现象在一定程度上相关，这些现象的出现是由于前一层的噪声和突触相关输入的竞争。噪声强度 $D$ 较低或中等时，突触输入起主要作用。当 $D$ 较大时，噪声开始成为主要因素。人们广泛研究了噪声诱导的同步现象[79,81-83]，而本章的研究与这些研究有所区别。在文献[83]中，同步是指系统与外部信号之间的同步。参考文献[79]中的机制与本章的研究有些类似，当噪声强度中等时，同步现象与放电模式的时间规则性相关。文献[79]中的连接是有反馈的，而在本章的研究中连接是前向的。因此，这些同步是基于不同的机制形成的。噪声和相关性突触输入对放电规则性的调制方式是不同的。噪声主要通过阻碍同步状态来降低放电规则性，在相对较低的噪声强度下增加相关突触输入，放电规则性降低，然而第 8 层的神经元仍然是同步的。前馈网络中噪声和相关突触输入的竞争导致双相干共振出现。相关突触输入和噪声强度的最优组合产生最大的放电规则性。Kreuz 等[84]研究了兴奋性和抑制性脉冲输入时单个 FHN 神经元的双相干共振。本章主要研究带有兴奋性突触连接和高斯白噪声的前馈网络。当网络的兴奋性和抑制性输入平衡后，双相干共振不再明显，这与 Kreuz 等的研究结果是不同的。因为抑制性连接影响兴奋性连接的作用，使前馈网络不能达到同步状态，进而破坏了放电规则性。因此，当抑制性连接增加时，放电规则性更容易被噪声损坏。

本章的研究对神经科学有潜在的重要意义。由于神经元网络中的许多信息由放电时间间隔表征，噪声诱导的同步和放电规则性能够增强神经编码传输的鲁棒性。同时，通过调节输入相关性及噪声强度可以控制神经放电的相干性。输入相关性在脑活动（如注意力）中起重要作用[85]。由于这些特性普遍存在于神经元网络中，它们可作为调节频率编码、时间编码的控制参数。同时，相干共振也为针刺编码的高效传输提供了一个可能的机制，也可以基于相干共振的框架，解释针刺作用的机理。当最优强度的针刺作用（可等效为噪声作用）在神经系统时，可以对神经元网络的同步性、放电规则性等特性产生调控作用，从而影响神经系统信息的传输。基于这个假说，可以设计针对不同穴位、不同针刺强度和手法的实验，从而找出对于每个通往靶器官的神经传输通路，如何选择最优的刺激参数。另外，一些研究发现针刺可以改变脑节律，而脑节律与神经元网络同步性有重要联系，前馈网络共振与同步研究也可以为解释这一实验现象提供理论依据，即某一强度的针刺可以通过前馈网络影响脑网络的共振。因此，共振可以作为针刺作用的可能机制之一。

本章指出相干共振能够由异质性非周期信号单独诱导产生，又能进一步通过网络耦合作用增强。相同步和放电规则性能够通过改变异质性非周期信号的平均幅值、周期或者异质性进行调节。本章研究的一些网络特性（如异质性非周期信号诱导的通过网络耦合增强的相干共振、异质性非周期信号增强的同步及放电规则性）与耦合的兴奋性系统中噪声诱导产生的现象类似[86]。因此，在耦合的兴奋性系统中，噪声的作用在某些程度上可以由异质性非周期信号代替。异质性非周期信号在调制耦合兴奋性系统的行为中起到重要作用，本章的研究也为生物系统的控制提供了理论基础。

根据手动针刺的规律，可以把针刺刺激看作异质性非周期信号。与第 4 章中噪声产生的共振现象类似，异质性非周期信号同样可以产生共振，并且网络耦合可以加强共振效应。一定强度的针刺作用可以对神经元网络的同步性、放电规则性等特性的影响产生调控作用，从而影响神经系统的信息传输。本章换了一个角度对针刺输入和模型进行假设，得出了与第 4 章相似的结论，进一步说明了共振机理的可靠性。

## 参 考 文 献

[1]　Bullmore E, Sporns O. Complex brain networks: graph theoretical analysis of structural and functional systems. Nature Reviews Neuroscience, 2009, 10(4): 186-198.

[2]　Scannell J W, Burns G, Hilgetag C C, et al. The connectional organization of the cortico-thalamic

system of the cat. Cerebral Cortex, 1999, 9(3): 277-299.

[3]　Felleman D J, Van Essen D C. Distributed hierarchical processing in the primate cerebral cortex. Cerebral Cortex, 1991, 1(1): 1-47.

[4]　Thorpe S J, Fabre-Thorpe M. Seeking categories in the brain. Science, 2001, 291(5502): 260-263.

[5]　Xu S, Jiang W, Poo M M, et al. Activity recall in a visual cortical ensemble. Nature Neuroscience, 2012, 15(3): 449-455.

[6]　Lee A K, Wilson M A. Memory of sequential experience in the hippocampus during slow wave sleep. Neuron, 2002, 36(6): 1183-1194.

[7]　Nadasdy Z, Hirase H, Czurko A, et al. Replay and time compression of recurring spike sequences in the hippocampus. Journal of Neuroscience, 1999, 19(21): 9497-9507.

[8]　August D A, Levy W B. Temporal sequence compression by an integrate-and-fire model of hippocampal area CA3. Journal of Computational Neuroscience, 1999, 6(1): 71-90.

[9]　Kumar A, Rotter S, Aertsen A. Conditions for propagating synchronous spiking and asynchronous firing rates in a cortical network model. Journal of Neuroscience, 2008, 28(20): 5268-5280.

[10]　Van Rossum M C W, Turrigiano G G, Nelson S B. Fast propagation of firing rates through layered networks of noisy neurons. Journal of Neuroscience, 2002, 22(5): 1956-1966.

[11]　Jahnke S, Memmesheimer R M, Timme M. Propagating synchrony in feed-forward networks. Frontiers in Computational Neuroscience, 2013, 7: 153.

[12]　Feinerman O, Segal M, Moses E. Signal propagation along unidimensional neuronal networks. Journal of Neurophysiology, 2005, 94(5): 3406-3416.

[13]　Kumar A, Rotter S, Aertsen A. Spiking activity propagation in neuronal networks: reconciling different perspectives on neural coding. Nat Rev Neurosci, 2010, 11(9): 615-627.

[14]　Diesmann M, Gewaltig M O, Aertsen A. Stable propagation of synchronous spiking in cortical neural networks. Nature, 1999, 402(6761): 529-533.

[15]　Litvak V, Sompolinsky H, Segev I, et al. On the transmission of rate code in long feedforward networks with excitatory-inhibitory balance. Journal of Neuroscience, 2003, 23(7): 3006-3015.

[16]　Cateau H, Fukai T. Fokker-Planck approach to the pulse packet propagation in synfire chain. Neural Networks, 2001, 14(6-7): 675-685.

[17]　Reyes A D. Synchrony-dependent propagation of firing rate in iteratively constructed networks in vitro. Nature Neuroscience, 2003, 6(6): 593-599.

[18]　Vaadia E, Haalman I, Abeles M, et al. Dynamics of neuronal interactions in monkey cortex in relation to behavioural events. Nature, 1995, 373(6514): 515-518.

[19]　Riehle A, Grun S, Diesmann M, et al. Spike synchronization and rate modulation differentially involved in motor cortical function. Science, 1997, 278(5345): 1950-1953.

[20]　Womelsdorf T, Fries P, Mitra P P, et al. Gamma-band synchronization in visual cortex predicts speed of change detection. Nature, 2006, 439(7077): 733-736.

[21] Gray C M, Konig P, Engel A K, et al. Oscillatory responses in cat visual cortex exhibit inter-columnar synchronization which reflects global stimulus properties. Nature, 1989, 338(6213): 334-337.

[22] Maquet P. The role of sleep in learning and memory. Science, 2001, 294(5544): 1048-1052.

[23] Stickgold R, James L, Hobson J A. Visual discrimination learning requires sleep after training. Nature Neuroscience, 2000, 3(12): 1237-1238.

[24] Maimon G, Assad J A. Beyond Poisson: increased spike-time regularity across primate parietal cortex. Neuron, 2009, 62(3): 426-440.

[25] Kumar A, Schrader S, Aertsen A, et al. The high-conductance state of cortical networks. Neural Computation, 2008, 20(1): 1-43.

[26] Destexhe A. Self-sustained asynchronous irregular states and up-down states in thalamic, cortical and thalamocortical networks of nonlinear integrate-and-fire neurons. Journal of Computational Neuroscience, 2009, 27(3): 493-506.

[27] Guo D, Li C. Self-sustained irregular activity in 2-D small-world networks of excitatory and inhibitory neurons. IEEE Transactions on Neural Networks, 2010, 21(6): 895-905.

[28] Schmid G, Goychuk I, Hanggi P. Controlling the spiking activity in excitable membranes via poisoning. Physica a-Statistical Mechanics and its Applications, 2004, 344(3): 665-670.

[29] Schmid G, Goychuk I, Hanggi P. Effect of channel block on the spiking activity of excitable membranes in a stochastic Hodgkin-Huxley model. Phys Biol, 2004, 1(1-2): 61-66.

[30] Gong Y, Xu B, Ma X, et al. Effect of channel block on the collective spiking activity of coupled stochastic Hodgkin-Huxley neurons. Science in China Series B-Chemistry, 2008, 51(4): 341-346.

[31] Ozer M, Perc M, Uzuntarla M. Controlling the spontaneous spiking regularity via channel blocking on Newman-Watts networks of Hodgkin-Huxley neurons. Epl, 2009, 86(4): 40008.

[32] Yilmaz E, Ozer M. Collective firing regularity of a scale-free Hodgkin-Huxley neuronal network in response to a subthreshold signal. Physics Letters A, 2013, 337(18): 1301-1307.

[33] Sun X, Shi X. Effects of channel blocks on the spiking regularity in clustered neuronal networks. Science China-Technological Sciences, 2014, 57(5): 879-884.

[34] Wang Y Q, Chik T D W, Wang Z D. Coherence resonance and noise-induced synchronization in globally coupled Hodgkin-Huxley neurons. Physical Review E, 2000, 61(1): 740-746.

[35] Lee S G, Neiman A, Kim S. Coherence resonance in a Hodgkin-Huxley neuron. Physical Review E, 1998, 57(3): 3292-3297.

[36] Pikovsky A S, Kurths J. Coherence resonance in a noise-driven excitable system. Physical Review Letters, 1997, 78(5): 775-778.

[37] Gong Y, Xie Y, Hao Y. Coherence resonance induced by the deviation of non-Gaussian noise in coupled Hodgkin-Huxley neurons. Journal of Chemical Physics, 2009, 130(6): 165106.

[38] Zhou C S, Kurths J, Hu B. Array-enhanced coherence resonance: nontrivial effects of heterogeneity and spatial independence of noise. Physical Review Letters, 2001, 87(9): 098101.

[39] Ozer M, Uzuntarla M, Kayikcioglu T, et al. Collective temporal coherence for subthreshold signal encoding on a stochastic small-world Hodgkin-Huxley neuronal network. Physics Letters A, 2008, 372(43): 6498-6503.

[40] Li Q, Gao Y. Control of spiking regularity in a noisy complex neural network. Physical Review E, 2008, 77(3): 036117.

[41] Gosak M, Korosak D, Marhl M. Optimal network configuration for maximal coherence resonance in excitable systems. Physical Review E, 2010, 81(5): 056104.

[42] Wang M S, Hou Z H, Xin H W. Double-system-size resonance for spiking activity of coupled Hodgkin-Huxley neurons. Chemphyschem, 2004, 5(10): 1602-1605.

[43] Li M, Greenside H. Stable propagation of a burst through a one-dimensional homogeneous excitatory chain model of songbird nucleus HVC. Physical Review E, 2006, 74(1): 011918.

[44] Izhikevich E M. Simple model of spiking neurons. IEEE Transactions on Neural Networks, 2003, 14(6): 1569-1572.

[45] Nicholson C. Electric current flow in excitable cells. Neuroscience, 1976, 1(3): 228.

[46] Fetz E, Toyama K, Smith W. Synaptic interactions between cortical neurons. Cerebral Cortex, 1991, 9:1-44.

[47] Caporale N, Dan Y. Spike Timing — dependent plasticity: a hebbian learning rule. Annual Review of Neuroscience, 2008, 31(1): 25-46.

[48] Woodin M A, Ganguly K, Poo M M. Coincident pre and postsynaptic activity modifies GABAergic synapses by postsynaptic changes in Cl- transporter activity. Neuron, 2003, 39(5): 807-820.

[49] Kodangattil J N, Dacher M, Authement M E, et al. Spike timing-dependent plasticity at GABAergic synapses in the ventral tegmental area. Journal of Physiology-London, 2013, 591(19): 4699-4710.

[50] Haas J S, Nowotny T, Abarbanel H D I. Spike-timing-dependent plasticity of inhibitory synapses in the entorhinal cortex. Journal of Neurophysiology, 2006, 96(6): 3305-3313.

[51] Bi G Q, Poo M M. Synaptic modifications in cultured hippocampal neurons: dependence on spike timing, synaptic strength and postsynaptic cell type. Journal of Neuroscience, 1998, 18(24): 10464-10472.

[52] Karbowski J, Ermentrout G B. Synchrony arising from a balanced synaptic plasticity in a network of heterogeneous neural oscillators. Physical Review E, 2002, 65(3): 031902/1-031902/5.

[53] Lee S, Sen K, Kopell N. Cortical gamma rhythms modulate NMDAR-mediated spike timing dependent plasticity in a biophysical model. PLoS Computational Biology, 2009, 5(12): e1000602/1-e1000602/13.

[54] Shannon C E. A mathematical theory of communication. Bell System Technical Journal, 1948, 27(3): 379-423.

[55] Dorval A D. Probability distributions of the logarithm of inter-spike intervals yield accurate entropy estimates from small datasets. Journal of Neuroscience Methods, 2008, 173(1): 129-139.

[56] Perkel D H, Gerstein G L, Moore G P. Neuronal spike trains and stochastic point processes. II. Simultaneous spike trains. Biophysical Journal, 1967, 7(4): 419-440.

[57] Guo D, Li C. Stochastic and coherence resonance in feed-forward-loop neuronal network motifs. Physical Review E, 2009, 79(5): 051921/1-051921/8.

[58] Mehring C, Hehl U, Kubo M, et al. Activity dynamics and propagation of synchronous spiking in locally connected random networks. Biological Cybernetics, 2003, 88(5): 395-408.

[59] Kuhn A, Aertsen A, Rotter S. Neuronal integration of synaptic input in the fluctuation-driven regime. Journal of Neuroscience, 2004, 24(10): 2345-2356.

[60] Destexhe A, Mainen Z F, Sejnowski T J. Synthesis of models for excitable membranes, synaptic transmission and neuromodulation using a common kinetic formalism. Journal of Computational Neuroscience, 1994, 1(3): 195-230.

[61] Hestrin S, Sah P, Nicoll R A. Mechanisms generating the time course of dual component excitatory synaptic currents recorded in hippocampal slices. Neuron, 1990, 5(3): 247-253.

[62] Salinas E, Sejnowski T J. Impact of correlated synaptic input on output firing rate and variability in simple neuronal models. Journal of Neuroscience, 2000, 20(16): 6193-6209.

[63] Braitenberg V, Schüz A. Anatomy of the Cortex: Statistics and Geometry (Studies of Brain Function). Berlin: Springer, 1991.

[64] Shadlen M N, Newsome W T. The variable discharge of cortical neurons: implications for connectivity, computation and information coding. Journal of Neuroscience, 1998, 18(10): 3870-3896.

[65] Markram H, Lübke J, Frotscher M, et al. Regulation of synaptic efficacy by coincidence of postsynaptic APs and EPSPs. Science, 1997, 275(5297): 213-215.

[66] Pikovsky A, Zaikin A, de la Casa M A. System size resonance in coupled noisy systems and in the Ising model. Physical Review Letters, 2002, 88(5): 050601/1-050601/4.

[67] Varela F, Lachaux J P, Rodriguez E, et al. The brainweb: phase synchronization and large-scale integration. Nature Reviews Neuroscience, 2001, 2(4): 229-239.

[68] Tallon-Baudry C. The roles of gamma-band oscillatory synchrony in human visual cognition. Frontiers in Bioscience, 2009, 14(1): 321-332.

[69] Hahn G, Bujan A F, Fregnac Y, et al. Communication through resonance in spiking neuronal networks. PLoS Computational Biology, 2014, 10(8): e1003811.

[70] Richardson M J E. Effects of synaptic conductance on the voltage distribution and firing rate of spiking neurons. Physical Review E, 2004, 69(5): 051918/1-051918/8.

[71] Destexhe A, Rudolph M, Pare D. The high-conductance state of neocortical neurons in vivo. Nat Rev Neurosci, 2003, 4(9): 739-751.

[72] Svirskis G, Rinzel J. Influence of temporal correlation of synaptic input on the rate and variability of firing in neurons. Biophysical Journal, 2000, 79(2): 629-637.

[73] Raman I M, Trussell L O. The kinetics of the response to glutamate and kainate in neurons of the avian cochlear nucleus. Neuron, 1992, 9(1): 173-186.

[74] McCormick D A, Connors B W, Lighthall J W, et al. Comparative electrophysiology of pyramidal and

sparsely spiny stellate neurons of the neocortex. Journal of Neurophysiology, 1985, 54(4): 782-806.

[75] Connors B W, Gutnick M J. Intrinsic firing patterns of diverse neocortical neurons. Trends in Neurosciences, 1990, 13(3): 99-104.

[76] Van Vreeswijk C, Sompolinsky H. Chaos in neuronal networks with balanced excitatory and inhibitory sctivity. Science, 1996, 274(5293): 1724-1726.

[77] Van Vreeswijk C, Sompolinsky H. Chaotic balanced state in a model of cortical circuits. Neural Computation, 1998, 10(6): 1321-1371.

[78] Brunel N. Dynamics of sparsely connected networks of excitatory and inhibitory spiking neurons. Journal of Computational Neuroscience, 2000, 8(3): 183-208.

[79] Neiman A, Schimansky-Geier L, Cornell-Bell A. Noise-enhanced phase synchronization in excitable media. Phys Rev Lett, 1999, 83(23): 4896-4899.

[80] Labyt E, Frogerais P, Uva L, et al, Wendling F. Modeling of entorhinal cortex and simulation of epileptic activity: insights into the role of inhibition-related parameters. Information Technology in Biomedicine, 2007, 11(4):450-461.

[81] Hu B, Zhou C. Phase synchronization in coupled nonidentical excitable systems and array-enhanced coherence resonance. Phys Rev E Stat Phys Plasmas Fluids Relat Interdiscip Topics, 2000, 61(2): R1001-R1004.

[82] Zhou C, Kurths J. Noise-induced phase synchronization and synchronization transitions in chaotic oscillators. Phys Rev Lett, 2002, 88(23): 230602.

[83] Zhou C S, Kurths J, Allaria E. Constructive effects of noise in homoclinic chaotic systems. Phys Rev E, 2003, 67(6): 015205.

[84] Kreuz T, Luccioli S, Torcini A. Double coherence resonance in neuron models driven by discrete correlated noise. Phys Rev Lett, 2006, 97(23): 238101.

[85] Salinas E, Sejnowski T J. Correlated neuronal activity and the flow of neural information. Nat Rev Neurosci, 2001, 2(8): 539-550.

[86] Leake R, Broderick J E. Treatment efficacy of acupuncture: a review of the research literature. Integrative Medicine, 1999, 1(3): 107-115.

# 第6章 共振在针刺神经电信息编码分析中的应用

## 6.1 引　言

中医是我国古代辩证思想的产物，而针刺已经被发现对多种疾病的治疗有效[1-3]，特别是其镇痛效果[4-5]，然而并不能科学地解释针刺究竟怎样传导和发生作用。由于中医传统的理论体系并不能科学地解释针刺传导与作用的机理，人们开始从科学的角度研究针刺的作用规律。研究发现针刺能够作用中枢神经系统调控神经、内分泌网络，最终影响靶器官[6-10]，即针刺作用使机体活动产生整合与调控作用。此外，也发现了针刺作用在分子水平上对机体的影响[11-12]。经典针刺理论认为不同针刺手法会产生不同的作用效果[13-14]，不同频率和幅值的针刺可以调整血流速、血压和心率[15-16]，但不同手法不同频率的针刺产生不同作用的原因尚未揭示。本章将把基于计算神经科学的机理分析以及实验数据分析结合起来，探索针刺传导与其作用机理。

## 6.2 针刺实验设计与数据分析

实验设计和数据分析过程如图 6.1 所示。

本实验选择健康的成年雄性大鼠，体重为 190～210g，采用浓度为 20% 的氨基甲酸乙酯药物麻醉后，以 L1 腰椎为中心手术，充分暴露腰椎，分离 L4 脊髓背根神经束并在近心端剪断，分离出足三里穴所对应的神经细束。采用不同手法捻转补法（nb）、捻转泻法（nx）、提插补法（tb）和提插泻法（tx），不同频率（每分钟 50 次、100 次、150 次、200 次）的提插补法作用足三里，研究不同频率针刺所产生信号的特征。每种手法或频率的针刺作用 1min，不同针刺作用间留针 5min。为了保证神经元编码的准确性，在整个实验过程中，不从皮肤取出针刺针。用 mp150（BIOPAC 公司）和联想计算机 4600 检测并记录所有数据，采样频率为 40kHz，不同手法及不同频率的针刺实验各做 7 组，每组实验在同一只大鼠上完成。

### 6.2.1　不同手法针刺信号的编码分析

#### 1. 放电检测和类选

检测到的脊髓背根神经电信号包含多个神经元的放电信息，但是无法直接用于编码分析，需要把参与编码的多神经元的放电时刻序列提取出来，使用类选算法进行信

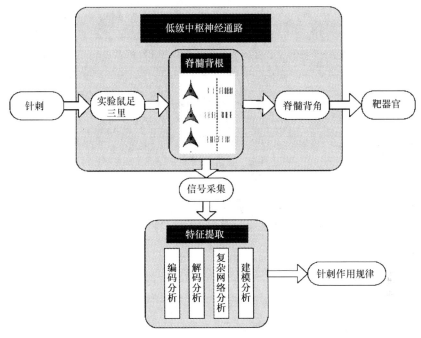

图 6.1　针刺实验设计和数据分析

号类选。首先对脊髓背根产生的神经电信号进行带通滤波（300～3000Hz），然后通过放电阈值检测出放电时刻，阈值计算为

$$T_h = 4\sigma, \sigma = \text{median}\left\{\frac{|x|}{0.6745}\right\} \tag{6.1}$$

式中，$x$ 为经过带通滤波的神经电信号；$\sigma$ 为背景噪声的标准偏差，但是由于信号包含幅值远高于背景噪声的放电，为得到稳定的阈值，通过计算电信号时间序列的中值来估计信号的标准偏差。根据针刺神经电信号的特点选择阈值为 $4\sigma$。

　　放电被识别后，提取放电波形，通过小波变换获得每个放电波形的 64 个小波系数，如图 6.2 所示。这里选择和放电波形接近的小波母函数对该波形进行四层分解，因此这里每个小波系数都能够刻画放电波形在不同尺度和时间段的特性，应用小波系数的目标是找到一些最优参数能够最大限度地分离不同类型的放电。很明显，若原始信号中包含不同神经元的放电信息，那么所有波形的某些小波系数将具有不同的分布区域。将其与正态分布的背离程度作为选择该小波系数有效性的标志。设有数据集 $x$，实验比较数据的累计分布 $F(x)$ 与具有同样平均值和方差的高斯分布 $G(x)$。与正态分布的背离通过下式量化：

$$\max(|F(x) - G(x)|) \tag{6.2}$$

　　在类选分析中，选择与正态分布具有最大背离程度的 10 个小波系数用作聚类算法的输入。然后通过超顺磁聚类算法（superparamagnetic clustering）对信号进行类选。以提插补法引发一组神经放电信号为例说明针刺神经电信号的类选结果，经过滤波、放电检测、小波特征提取和放电类选方法处理后的结果如图 6.3 所示。

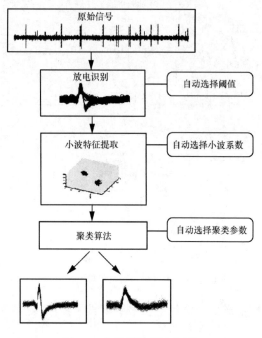

图 6.2　信号类选算法步骤

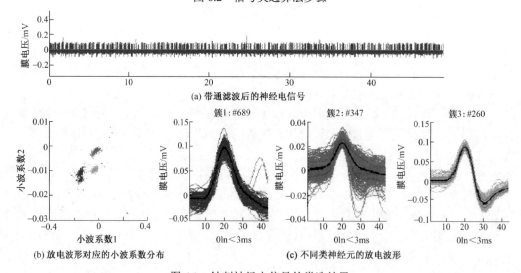

图 6.3　针刺神经电信号的类选结果

根据放电波形小波系数的不同将所有放电波形划分为三类，如图 6.3（c）所示。

所有放电波形的小波系数分布如图 6.3（b）所示，放电波形相近的点映射到小波特征空间距离较近，因此放电波形也就被分为三类。可以发现图 6.3（c）中第一和第三幅图包含的神经元放电波形比较单一，分别定义它们为一类神经元和二类神经元，而第二幅图放电幅值距离阈值比较近，因此难以进一步区分，定义它们为三类神经元。很明显，一类神经元和二类神经元都由单神经元组成，而三类神经元由多神经元组成。

图 6.4 所示为类选后不同类神经元在不同针刺手法刺激下放电个数统计柱状图，每一张柱状图是用一种针刺手法进行多次实验的结果，针对某一类神经元放电个数的统计结果，图中的曲线为对数据进行的正态分布拟合曲线，可以发现有三类神经元参

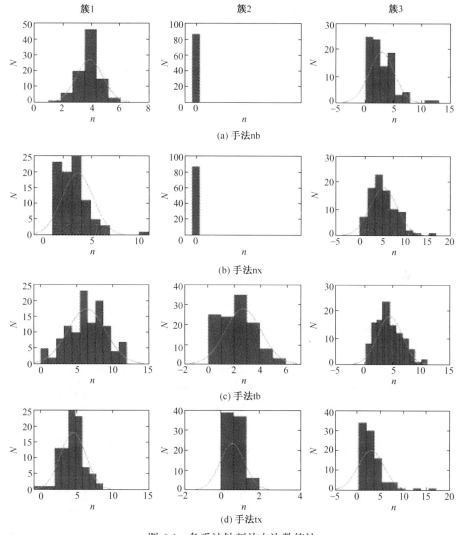

图 6.4　各手法针刺放电次数统计

与了四种针刺手法的时空编码。捻转补法和捻转泻法只能引起一类和三类神经元放电，这说明这两种手法有很强的相似性，但这两种神经元引起的神经元平均放电频率是不同的。提插补法与提插泻法除了可以引起以上两类神经元放电以外，还可以引起二类神经元放电，这说明提插法和捻转法所包含的信息差异性很大，而二类神经元对针刺编码起关键作用。

以上分析针对的是针刺作用的整个时间段放电的次数，然而放电的具体时刻也携带大量信息，单纯的放电个数统计可能会丢失针刺信息。下面通过计算滑动时间窗内的平均放电率，研究各类神经元对针刺的编码随时间的变化规律，并比较对不同手法的不同时间编码规律。

图 6.5（a）、图 6.6（a）以及图 6.7（a）分别表示每次实验中三类神经元的放电栅图，四个子图分别代表不同手法，子图中的每个点代表神经元的一次放电，每一行代表一次实验。由于是手动操作，针刺的作用时间不能在毫秒级的精度下记录。为了避免误差，每次实验中一类神经元的首个放电序列被作为针刺的起始放电时刻，横轴表示每次实验时间，纵轴代表同一针刺手法的不同实验数据，图中的每一个点表示一次峰放电。在所有的实验中，一类神经元在 $t=0\text{ms}$ 时刻都会放电。结果表明，不同的针刺手法引发多神经元的不同放电类型。由图 6.7（a）可以明显看到，三类放电只存在于 tb 和 tx 针刺手法（提插类型）中。图 6.5（b）、图 6.6（b）以及图 6.7（b）分别为三类神经元的刺激后放电时间分布图（PSTH）。对 100ms 滑动时间窗内的放电率进行计算，计算结果表明，捻转法（nb 和 nx 手法）的编码机制是相似的，提插法（tb 和 tx 手法）的编码机制也相似。但是，nb、nx 手法和 tb、tx 手法的刺激时间直方图（peristimulus time histogram，PSTH）则有明显的不同。这些结果和传统的手针分类方法是一致的。

2. 不同频率针刺信号的编码

图 6.8（a）～图 6.8（d）表示不同频率刺激下的每次实验中一类神经元放电的栅状图。各种针刺手法由人工操作，因此计时难以精确到毫秒级。为了避免计时误差，忽略信号从足三里穴传输到脊髓背根的时间，取每次实验脊髓背根的第一个放电时刻作为针刺开始作用的时刻。然后把所有实验的放电时刻统一到一个时间坐标上，其横轴表示一次针刺作用的时间，纵轴表示针刺实验次数，图中每一个点代表一次放电。从图中可以观察到不同频率针刺作用引起的放电模式明显不同，特别是针刺信号的持续时间。为了更进一步揭示不同频率针刺编码的差异性，引入一类神经元在滑动时间窗内平均放电率随时间窗滑动而变化的曲线，如图 6.8（e）所示。计算平均放电率的时间窗长度为 50ms，最高值在起始时刻和 100ms 之间。然后平均放电率下降到某一个特定的频率，这个规律在每分钟 50 次和 100 次针刺对应的放电中表现最为明显。这种现象可被解释为神经元对针刺作用的适应性，这种适应性已经在许多神经科学的实验和模型研究中被揭示，如果假设一次针刺作用过程中刺激强度不变，那么针刺数据

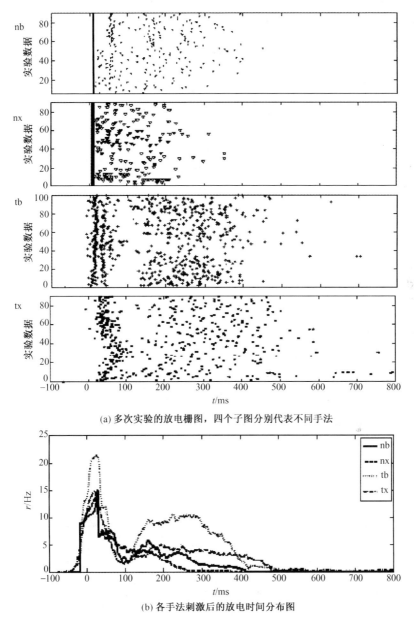

(a) 多次实验的放电栅图，四个子图分别代表不同手法

(b) 各手法刺激后的放电时间分布图

图 6.5　一类神经元的放电栅图

分析结果与神经科学定义的适应性相同。在针刺停止时平均放电频率将下降到零。此外，图 6.8（e）中这些平均放电率的最大值近似相同，而且都在起始时刻到 100ms 之间，这说明不同频率的针刺在起始时刻到 100ms 之间的作用是类似的。比较图 6.8（e）中四条曲线可以发现，不同频率的针刺作用的区别主要通过信号的持续时间刻画。

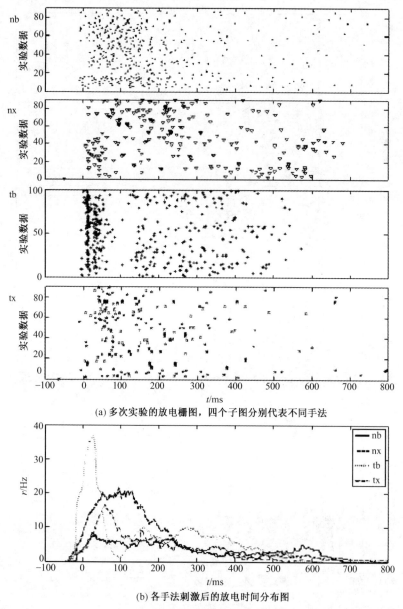

(a) 多次实验的放电栅图，四个子图分别代表不同手法

(b) 各手法刺激后的放电时间分布图

图 6.6　二类神经元的放电栅图

　　不同组实验的实验条件难以保证完全相同，故需在所有实验的数据中探索针刺神经电信号相对不变的特性。放电率编码是神经编码中研究最普遍的机制。从时空编码分析中发现，一类神经元参与了所有频率针刺的编码。为了排除其他类神经元的干扰，把一类神经元的放电率编码作为分析重点，以揭示不同频率针刺的作用效果。对于不同频率的针刺，平均放电率编码分析结果与人们的直观认识不符，即平均放电率并不

与针刺频率成比例。当针刺频率超过每分钟 100 次时，平均放电率不再明显增加，如图 6.8（f）所示。这说明神经系统对不同频率的针刺刺激具有饱和特性，在针刺的临床应用中，当针刺超过一定频率后，针刺的作用效果可能趋于相似。

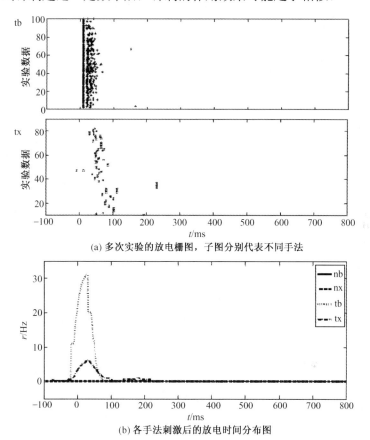

(a) 多次实验的放电栅图，子图分别代表不同手法

(b) 各手法刺激后的放电时间分布图

图 6.7　三类神经元的放电栅图

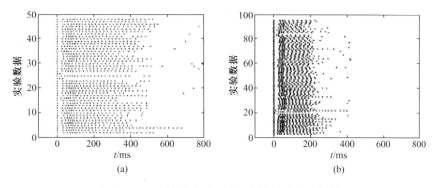

图 6.8　一类神经元对不同频率针刺信息的编码

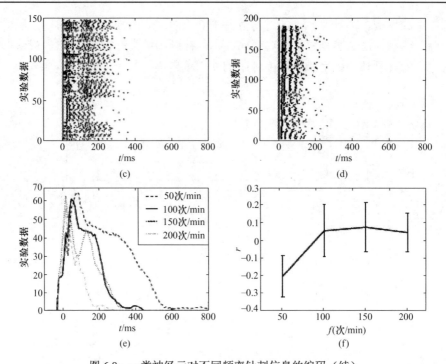

图 6.8　一类神经元对不同频率针刺信息的编码（续）

（a）～（d）4 种频率针刺对应的放电时刻栅状图（每分钟 50 次、100 次、150 次、200 次）；（e）4 种频率针刺引起的平均放电率随时间变化曲线的比较；（f）7 组实验中平均放电率（归一化后）统计分析，误差线表示 95%置信区间

## 6.2.2　针刺神经电信号复杂网络映射分析

首先把放电通过高斯时间窗转化为放电率序列，这里 $\sigma = 80\mathrm{ms}$。对于神经元放电频率这种拟周期信号，以波形的各个极小值点为分界点，对整个波形进行分割，每一小段对应一个针刺作用周期。通过式（6.3）计算每两个小周期在相空间的距离为对应复杂网络各边的权值 $D_{ij}$，由此得到一个加权网络，两种针刺手法引起的神经元放电率对应复杂网络各边权值的分布如图 6.9 所示，然后选择极大值点作为阈值，把该网络转换成二进制网络，再使用 KK（Karmarkar-Karp）算法完成可视化。KK 算法是一种方便人们更好地理解无向网络的可视化算法，图中节点的理论机理通过图中的几何距离体现，即

$$D_{ij} = \min_{l=0,1,\cdots,\{l_j - l_i\}} \frac{1}{\min(l_i, l_j)} \sum_{k=1}^{\min(l_i, l_j)} \| X_k - Y_{k+l} \| \qquad (6.3)$$

图 6.10 为对两种不同手法引起的神经元放电率变化映射到复杂网络的结果，每个网络大约由 75 个节点组成，可以发现两种手法映射的复杂网络的拓扑结构是明显不同的。网络图 6.10（a）类似混沌信号映射的复杂网络，趋于长条形，代表该图节点分布在一个低维流形（manifold）上，而图 6.10（b）网络更趋近于随机网络。

分析两种针刺手法对应的复杂网络的度协调性，由图 6.11 可知，捻转补法对应的

复杂网络的相邻节点平均度 $k_{nn}$ 随 $k$ 增加而持续增加,这说明该网络中度比较高的节点倾向于与度比较高的节点相连, 网络具有比较高的度协调性,而提插补法对应的复杂网络的相邻节点平均度随 $k$ 的增加很快达到饱和, 说明该网络的度协调性比较差。

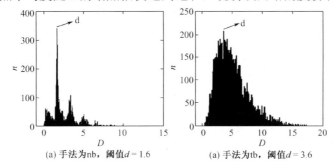

(a) 手法为nb，阈值 $d = 1.6$　　　　　　(a) 手法为tb，阈值 $d = 3.6$

图 6.9　针刺神经电信号所构建网络的权值分布

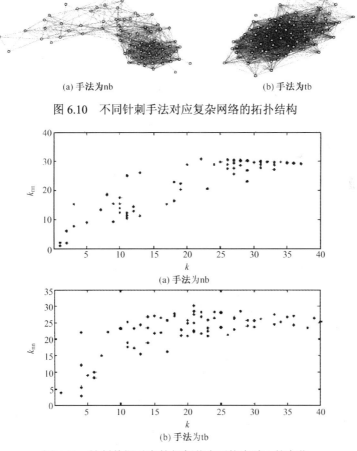

(a) 手法为nb

(b) 手法为tb

图 6.10　不同针刺手法对应复杂网络的拓扑结构

(a) 手法为nb

(b) 手法为tb

图 6.11　针刺数据对应的相邻节点平均度随 $k$ 的变化

# 6.3　针刺神经电信息传导的数学模型

## 6.3.1　模型描述

在神经系统中,外部刺激所包含的信息以前馈的方式从一组神经元集群传输到另外一组神经元集群[17]。多层前馈网络与大脑功能性神经元网络相关,它可以描述信息从一组神经元传输到下一组神经元,是一个刻画神经编码传输的结构,并被广泛用于研究感觉器官接收信息的时空编码问题[18]。对于针刺信号传输通路,其生理结构如图 6.12 所示,针刺刺激由皮肤感受器传入,经过脊髓,以及脑中的一系列神经元的换元传入皮层,是典型的感觉信息传输通路,可以基于前馈网络建立模型。

FHN 模型是著名的 HH 神经元模型的简化,有神经元的基本特性,如阈值和不应期[19]。本节构建了一个由 FHN 神经元组成的前馈多层神经元网络模拟针刺信号传输通路,如图 6.13 所示。

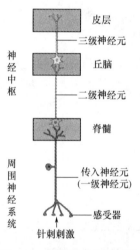

图 6.12　针刺信息传输通路

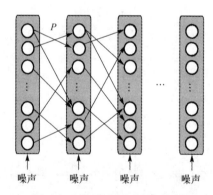

图 6.13　前馈神经元网络模型

在前馈网络的每一层中有 200 个互不耦合的神经元,并且每个神经元都按概率 $P$ 接收来自前一层网络中神经元的突触输入。网络模型描述为

$$\varepsilon\frac{\mathrm{d}x_{i,j}}{\mathrm{d}t} = x_{i,j} - \frac{x_{i,j}^3}{3} - y_{i,j} + I_{i,j}^{\mathrm{syn}}(t)$$

$$\frac{\mathrm{d}y_{i,j}}{\mathrm{d}t} = x_{i,j} + a - by_{i,j} + \xi_{i,j}(t)$$

$$I_{i,j}^{\mathrm{syn}}(t) = -\sum_{k=1}^{N_{\mathrm{syn}}} g_{\mathrm{syn}}\alpha(t - t_{i-1,k})(x_{i,j} - V_{\mathrm{syn}})$$

（6.4）

式中，$i = 1, 2, 3, \cdots, n$，表示网络层数；$i = 1, 2, 3, \cdots, N(N = 200)$，表示每一层中神经元的编号。$x_{i,j}$ 和 $y_{i,j}$ 分别表示每个神经元的膜电位和恢复变量；$I_{i,j}^{\mathrm{syn}}(t)$ 代表第 $i$ 层网络的第 $j$ 个神经元的突触电流之和；式 $\alpha(t) = (t/\tau)\mathrm{e}^{(-t/\tau)}$ 中的 $\tau$ 是突触时间常数；$N_{\mathrm{syn}}$ 是神经元通过树突与前一层神经元之间的耦合总数。除特别指出外，耦合强度 $g_{\mathrm{syn}} = 0.04$，$\tau = 0.3$。$N_{\mathrm{syn}}$ 的值由连接概率 $P$ 决定，且对所有的神经元是相同的。突触类型由突触的反向电位 $V_{\mathrm{syn}}$ 决定，对于兴奋性突触 $V_{\mathrm{syn}}=0$，对于抑制性突触，$V_{\mathrm{syn}} = 2$。

在无激励的单个 FHN 神经元模型中，$a = 0.7$ 时发生 Andronov-Hopf 分岔现象[20-21]，当 $a > 0.7$ 时，神经元处于可兴奋状态，而当 $a < 0.7$ 时，产生周期性放电。$A = 0.7$ 附近会产生 Canard 现象，这里 $\varepsilon = 0.08$，$a = 0.75$，$b = 0.45$。$\xi_{i,j}(t)$ 表示不同且相互独立的噪声激励，且噪声是白噪声。其中噪声满足 $\langle \xi_{i,j}(t)\xi_{i,j}(t') \rangle = 2D\delta(t-t')$，$D$ 代表噪声强度。下面采用所有神经元放电序列的平均互相关 $K$ 来度量网络的同步性，即

$$K = \frac{1}{N(N-1)} \sum_{j=1}^{N} \sum_{m=1, m \neq j}^{N} K_{j,m}(\delta) \tag{6.5a}$$

式中，$K_{j,m}(\delta)$ 定义为

$$K_{j,m}(\delta) = \frac{\displaystyle\sum_{i=1}^{k} X_j(i) X_m(i)}{\left[\displaystyle\sum_{i=1}^{k} X_j(i) \sum_{i=1}^{k} X_m(i)\right]^{1/2}} \tag{6.5b}$$

首先，把时间序列分成 $K$ 个时间窗，再把放电时间序列转化成二进制序列。$\delta$ 表示时间窗的长度。即如果第 $i$ 位有放电，则 $X(i) = 1$，否则 $X(i) = 0$。当 $K = 1$ 时，网络处于同步状态；当 $K = 0$ 时，网络处于去同步状态。

峰峰间期（ISI）常用于评价神经放电序列的特征，其规律性通常用其峰度值 $R$ 来刻画。$R^j$ 计算为

$$R^j = \left\langle T_k^j \right\rangle_t \Big/ \sqrt{\mathrm{Var}(T_k^j)}$$

式中，$T_k^j$ 是神经元 $j$ 的时间序列，$j = 1, 2, \cdots, N$ 是在一层中的神经元标号；$\langle\ \rangle_t$ 表平均值；$\mathrm{Var}(T_k^j)$ 为第 $j$ 个神经元 ISI 序列的方差。$R$ 通过对一层中所有神经元 $R_j$ 取平均得到。

## 6.3.2    前馈网络模型的放电模式传输

为了研究前馈网络中放电率及放电规则性的传导，采用一组符合泊松分布的放电序列，放电率为 $r_1$，把这些放电作为前馈网络第一层的输出。前馈网络放电模式传导如图 6.14 所示。每一行的所有点分别代表第 $j(1 \leq j \leq N)$ 个神经元的放电序列。前 3 层网络的神经元出现不规则放电，与此同时同步放电模式在逐步形成，在前馈网络第 5 层之后放电模式呈现稳定的同步性。

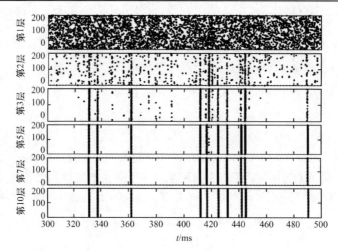

图 6.14　前馈网络放电模式传导

前馈网络中放电率的传输如图 6.15 所示。研究发现放电率在传到前馈网络第二层时降低，然后在传输过程中逐渐增大，直到达到饱和值。由于每一层输出放电的相关性，放电模式在传导过程中逐渐趋于同步，并且由于同步性的存在，网络放电率的传导有很强的鲁棒性。放电率能在基于 FHN 神经元模型的前馈网络中通过同步方式实现稳定传输。不同连接概率 $P$ 下，前馈网络的放电率输出与第 1 层输入放电率呈非线性

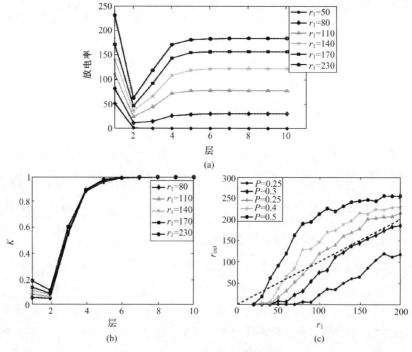

图 6.15　前馈网络中放电率的传输

关系。一定范围内的放电率在基于 FHN 神经元的前馈网络中是可以传输的,当 $P=0.3$ 时,放电率的输入、输出基本呈线性关系。研究发现,$P$ 值较高时,网络对低输入放电率 $r_1$ 更敏感,但当 $r_1$ 较高时,网络对输入率变化敏感性较低。由于网络放电模式在第 8 层后基本不变,所以在以后的研究中,把第 8 层的输出作为前馈网络的输出。

### 6.3.3　带有突触可塑性网络的放电模式演化

突触可塑性广泛存在于神经元网络中,它能够解释一些自适应现象,下面研究针刺适应性是否可以用带有突触可塑性的前馈网络解释。突触电导 $g_{\text{syn}}^{m,j}$ 由于可塑性的作用在前馈网络中是可变的,它按照下式调节:

$$\Delta g_{\text{syn}}^{m,j} = g_{\text{syn}}^{m,j} F(\Delta t)$$

$$F(\Delta t) = \begin{cases} A_+ \exp[-(\Delta t - d)/\tau_+], & \Delta t > 0 \\ -A_- \exp[(\Delta t - d)/\tau_-], & \Delta t < 0 \end{cases} \tag{6.6}$$

式中,$\Delta t = t_i - t_j$ 和 $d$ 描述在 STDP 窗口的一个变化。令 $\tau_+ = \tau_- = 2\text{ms}$,$A_+ = 0.1$,$A_+ = A_- = 1.05$。在演化中,电导限制在 $[0, g_{\text{max}}]$ 内。假设在神经信号传输路径中的突触在针刺间隙时重置到初始状态。

用一个具有放电率 $r$ 的泊松放电序列模拟针刺诱导的神经元放电,这些放电序列作为网络中第一层的输出,且假设在这个网络中没有噪声作用。对于感觉刺激,频率编码是最重要的编码形式之一。图 6.16 是可塑性神经元网络的放电率和网络连接强度演化规律,每一层以 10ms 为时间窗计算平均放电率。在网络演化过程中(除第 1 层外),放电率先增加后减少,在 200ms 的演化过程后,放电率变化相对平缓。刚开始接受刺激时放电率较高,刺激一定时间后对刺激产生适应性,放电率开始降低,并建立起新的动态平衡,使放电率逐渐平缓。因此,放电率变化的自适应性能够在前馈网络重现。放电率的减少是由于平均突触耦合强度的减弱,这种减小是由 STDP 规则导致的,如图 6.16(b)所示。在 200ms 之前,突触的平均耦合强度在单调减少后就会变

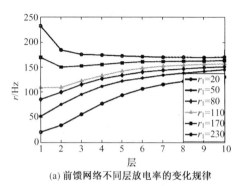
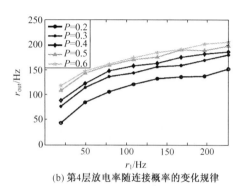

(a) 前馈网络不同层放电率的变化规律　　　　(b) 第4层放电率随连接概率的变化规律

图 6.16　前馈网络放电率的变化规律

得相对平缓。此外，相邻层间（第 2 层后）的平均突触强度 $g_{syn}$ 值的变化曲线也很相似。这个特性使神经元信号能够在网络中有效地传输。

### 6.3.4 前馈网络模型的放电率传输

为了解释针刺信号传输中的饱和现象，下面研究放电率在带有 STDP 规则的整个多层前馈网络中的传输，这里的放电率指每一层所有神经元前 300ms 放电率的平均值。图 6.17（a）是连接概率为 0.3 时网络中不同放电率在层间的传输，在前馈网络中放电率在传输过程中被调整。图 6.16（b）表明对于大多数连接概率 $P$，输出放电率 $r_{out}$（对于 $r_1$）对应输入放电率 $r_1$ 迅速增加，这与针刺频率小于 100 次/min 的实验结果是相似的。当输入放电率增加时，由于每个神经元都存在固有的相对不应期，输出放电率增加变缓，这也与针刺频率大于 100 次/min 的实验结果一致。

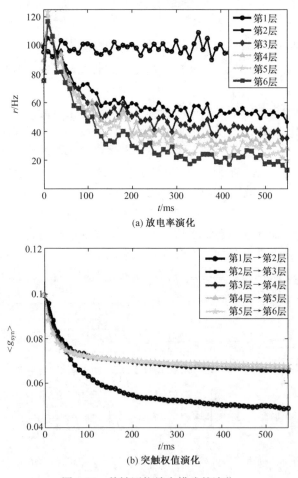

(a) 放电率演化

(b) 突触权值演化

图 6.17　前馈网络放电模式的演化

实验中发现的放电率的主要特征已被重现，可以基于这个前馈网络模型进行一些预测，例如，预测其他频率的针刺作用的响应。而且，基于其他针刺穴位的信号传输路径也能够基于这个网络框架构造。

# 6.4 针刺神经电信号编码与传导的共振机制

## 6.4.1 神经元异质性对针刺神经编码传导的影响

在计算神经科学的模型研究中通常把神经元假设成相同的，然而实际上，神经元具有各自的形态和参数，即神经元是异质的。这里研究神经元异质性对前馈网络信号传导及同步性的影响。为了研究神经元异质性对信号传导的影响，在前馈网络中引入异质性参数 $a_{i,j}$，其符合均匀分布 $[a-H_A, a+H_A]$，这里 $H_A$ 决定神经元异质性程度，$a=0.75$。为了确保所有的神经元都处于可兴奋状态，$H_A$ 满足 $a-H_A>0.68$。

如图 6.18 所示，放电率的传导对神经元的异质性很敏感。图 6.18（a）为异质性前馈网络放电模式栅图，异质性前馈网络放电率和放电规则性均高于相应的同质性网络。图 6.18（b）为不同异质性水平的神经元的放电率随层数的变化规律，随着层数的加深，异质性神经元的放电率开始逐渐分化，可兴奋性弱的神经元的放电率迅速下降。

图 6.18（c）说明 FFN 每层的放电率随异质性程度 $H_a$ 的增加而增加，最后达到饱和值。如图 6.19（a）所示，在不同异质性下，前馈网络的输出放电率随着连接概率的增加而增加，当连接概率超过 0.4 时输出放电率达到饱和值，该饱和值随着异质性水平的增大而增大。图 6.19（b）说明放电规则性 $1/C_V(R)$ 随着异质性的增大而增大。这些结论说明异质性对于前馈网络的信息传导具有重要的调控作用。

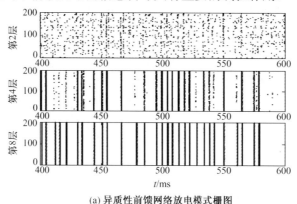

(a) 异质性前馈网络放电模式栅图

图 6.18 神经元异质性对放电率传导的影响

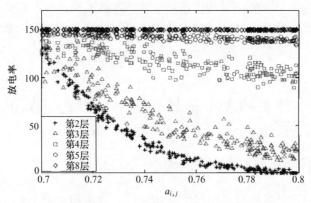

(b) 不同异质性水平的神经元的放电率随层数的变化规律

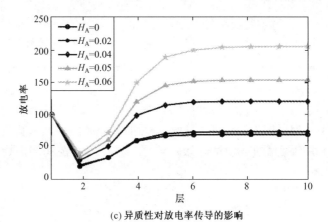

(c) 异质性对放电率传导的影响

图 6.18　神经元异质性对放电率传导的影响（续）

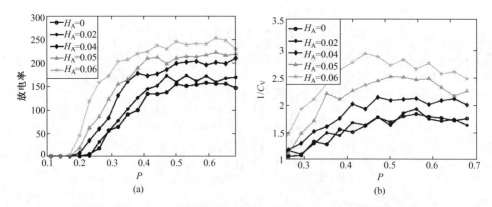

图 6.19　（a）不同异质性前馈网络的输出放电率与连接概率的关系
和（b）不同异质性前馈网络的输出放电规则性与连接概率的关系

## 6.4.2　噪声对神经编码传导的影响

噪声普遍存在于脑网络中，噪声通常来自热扰动、离子通道活动及前馈网络外不相关的突触输入，噪声对调控神经元网络活动具有重要的作用。从图 6.20（a）和图 6.20（b）可以发现，每层的放电率和放电规则性 R 随噪声强度的增加而增加。这些现象可用下面的机制解释，噪声使每层网络对突触前输入更敏感，因此平均放电率增高，放电节律更接近其固有频率，且放电模式更规律。另外，多层前馈网络结构对这些特性有放大作用。

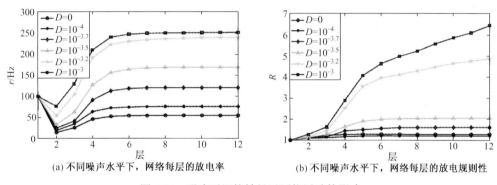

　　(a) 不同噪声水平下，网络每层的放电率　　　　(b) 不同噪声水平下，网络每层的放电规则性

图 6.20　噪声对调控神经元网络活动的影响

此外还研究了连接概率 P 和输出放电率（第 8 层）的关系，结果如图 6.21 所示，R 值代表某一层的平均放电率。对于一个固定的噪声强度 D，放电率随着连接概率 P 而增加。对于所有连接概率 P，输出放电率与噪声强度正相关（见图 6.21（a））。如图 6.21（b）所示，对于较低的噪声强度 D，时间规则性 R 随连接概率 P 增加，当噪声强度 D 较大时，放电规则性 R 先随连接概率 P 增加到峰值，然后降低。当连接概率相对较低时，噪声有助于神经编码的传输。

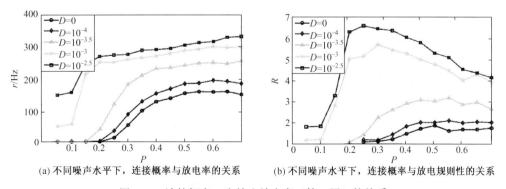

　　(a) 不同噪声水平下，连接概率与放电率的关系　　(b) 不同噪声水平下，连接概率与放电规则性的关系

图 6.21　连接概率 P 和输出放电率（第 8 层）的关系

# 6.5　讨论与小结

　　针刺已经被发现对多种疾病的治疗有效,然而并不能科学地解释针刺究竟怎样传导和发生作用。本章把基于计算神经科学的机理分析以及实验数据分析结合起来,系统地研究了共振在针刺神经电信息编码分析中的应用。检测到的脊髓背根神经电信号包含多个神经元的放电信息,但是无法直接用于编码分析,需要把参与编码的多神经元的放电时刻序列提取出来,使用类选算法进行信号类选。类选后对不同类神经元在不同针刺手法刺激下放电次数和放电时间进行分析,计算结果表明,捻转法(nb 和 nx 法)的编码机制是相似的,提插法(tb 和 tx 法)的编码机制也相似。但是,nb、nx 法和 tb、tx 法的 PSTH 则有明显的不同。这些结果和传统的手针分类方法是一致的。此外,不同频率针刺作用引起的放电模式明显不同,特别是针刺信号的持续时间。然而,神经系统对不同频率的针刺刺激具有饱和特性,在针刺的临床应用中,当针刺超过一定频率后,针刺的作用效果可能趋于相似。在神经系统中,外部刺激所包含的信息以前馈的方式从一组神经元集群传输到另外一组神经元集群。多层前馈网络与大脑功能性神经元网络相关,它可以描述信息从一组神经元传到下一组神经元,研究发现放电率在传到前馈网络第 2 层时降低,然后在传输过程中逐渐增大,直到达到饱和值。在计算神经科学的模型研究中通常把神经元假设成相同的,然而实际上神经元具有各自的形态和参数,即神经元是异质的,放电率的传导对神经元的异质性很敏感。另外还发现,噪声会使每层网络对突触前输入更敏感,因此平均放电率增高。因此,从以上结果可以看出共振在针刺神经电信息编码分析中起着重要的作用。

## 参 考 文 献

[ 1 ] Andersson S, Lundeberg T. Acupuncture — from empiricism to science: functional background to acupuncture effects in pain and disease. Med Hypotheses, 1995, 45(3): 271-281.

[ 2 ] VanderPloeg K, Yi X. Acupuncture in modern society. Journal of Acupuncture and Meridian Studies, 2009, 2(1): 26-33.

[ 3 ] Leake R, Broderick J E. Treatment efficacy of acupuncture: a review of the research literature. Integrative Medicine, 1999, 1(3): 107-115.

[ 4 ] Richardson P H, Vincent C A. Acupuncture for the treatment of pain: a review of evaluative research. Pain, 1986, 24(1): 15-40.

[ 5 ] Ezzo J, Berman B, Hadhazy V A. Is acupuncture effective for the treatment of chronic pain? A systematic review. Pain, 2000, 86(3): 217-225.

[ 6 ] Foster J M, Sweeney B P. The mechanisms of acupuncture analgesia. Br J Hosp Med, 1987, 38(4): 308-312.

[ 7 ] Tang D A. Advances in research on the mechanism of acupuncture and moxibustion. Zhen Ci Yan Jiu, 1987, 12(4): 278-284.

[ 8 ] Cho Z H, Chung S C, Jones J P. New findings of the correlation between acupoints and corresponding brain cortices using functional MRI. Proc Natl Acad Sci USA, 1998, 95(5): 2670-2673.

[ 9 ] Zhang Y, Liang J, Qin W. Comparison of visual cortical activations induced by electro-acupuncture at vision and nonvision-related acupoints. Neurosci Lett, 2009, 458(1): 6-10.

[10] Zhang W T, Jin Z, Cui G H. Relations between brain network activation and analgesic effect induced by low vs. high frequency electrical acupoint stimulation in different subjects: a functional magnetic resonance imaging study. Brain Res, 2003, 982(2): 168-178.

[11] Han J S. Acupuncture: neuropeptide release produced by electrical stimulation of different frequencies. Trends Neurosci, 2003, 26(1): 17-22.

[12] Wang T T H, Yuan Y, Kang Y. Effects of acupuncture on the expression of glial cell line-derived neurotrophic factor (GDNF) and basic fibroblast growth factor (FGF-2/bFGF) in the left sixth lumbar dorsal root ganglion following removal of adjacent dorsal root ganglia. Neurosci Lett, 2005, 382(3): 236-241.

[13] O'Connor J, Bensky D. Acupunctur: A Comprehensive Text. Seattle, WA: Eastland Press, 1981.

[14] Cheng X N. Chinese Acupuncture and Moxibustion. Beijing: Foreign Languages Press, 1987.

[15] Backer M, Hammes M G, Valet M. Different modes of manual acupuncture stimulation differentially modulate cerebral blood flow velocity, arterial blood pressure and heart rate in human subjects. Neurosci Lett, 2002, 333(3): 203-206.

[16] Friedemann T, Li W M, Wang Z J. Inhibitory regulation of blood pressure by manual acupuncture in the anesthetized rat. Autonomic Neuroscience Basic & Clinical, 2009, 151(2): 178-182.

[17] Diesmann M, Gewaltig M O, Aertsen A. Stable propagation of synchronous spiking in cortical neural networks. Nature, 1999, 402(6761): 529-533.

[18] Li M, Greenside H. Stable propagation of a burst through a one-dimensional homogeneous excitatory chain model of songbird nucleus HVC. Phys Rev E, 2006, 74(1): 011918.

[19] Rocsoreanu C, Georgescu A, Giurgiteanu N. The FitzHugh-Nagumo Model: Bifurcation and Dynamics. Boston : Kluwer Academic Publishers, 2000.

[20] Izhikevich E M. Dynamical Systems in Neuroscience: The Geometry of Excitability and Bursting. United State: The MIT Press, 2005.

[21] Li X, Wang J, Hu W. Effects of chemical synapses on the enhancement of signal propagation in coupled neurons near the canard regime. Phys Rev E Stat Nonlin Soft Matter Phys, 2007, 76(4 Pt 1): 041902.